감우성 | 강민아 | 러브 쿠킹

love cooking

감우성 강민아 러브 쿠킹

영화배우 감우성 부부, 그들이 찾은 전원에서의 행복

북하우스

Prologue
세상에서 가장 맛있는 아내의 요리

'요리 잘 하는 여자'.

남자들이 품고 있는 결혼 상대에 대한 환상 중 하나다. 물론 겉으로는 이왕이면 요리를 잘 하는 게 더 낫다는 식이지만, 실로 그 바람은 은근하면서도 절실한 것 같다.

내 경우, '요리'는 결혼 조건에서 일찌감치 포함시키지 않기로 한 포기과목이었다. 연애기간 동안 한 번쯤 테스트 해봄직한 과목인데, 우리에겐 감히 테스트도 못할 정도로 엄청난(?) 사건이 있었기 때문이다.

연애시절 초기, 나이로도 또 만남의 횟수로도 아직은 풋풋하기만 했던 이십대 연애시절. 어느 날 내 자취방에 그녀가 찾아왔다. 두 손 가득 식재료를 들고 방문한 그날, 나를 위해 요리를 해주겠다며 서너 시간을 뚝딱이더니 결국 야심찬 '된장찌개'를 내놓았다. 이것저것 무조건 재료만 많이 넣으면 근사한 요리가 되는 줄 알았던 그녀가 만든 된장찌개는, 과도한 건더기 탓에 국물을 찾아볼 수 없을 정도로 졸인 '꿀꿀이 된장죽'에 가까웠다.

물론 맛은 예상되었지만 성의를 봐서 한 숟가락 떴는데, 오 마이 갓~! 나도 모르게 표정이 일그러지고, 그만 숟가락까지 손에서 떨어뜨리고 말았다. 순간의 표정관리 실패로 내 인생이 바뀌었으니.

두 눈을 동그랗게 뜨고 내 반응만 살피던 그녀가 갑자기 대성통곡을 한다. 목젖까지 드러나도록 크게 벌린 입, 벌겋게 주름이 잡히도록 찡그러진 미간과 코. 요새 뜨는 '복식 호통'을 난 그때 처음 경험해봤다. 아랫배 저 밑에서 터져 나오는 우렁찬 소리를 어찌 잊을 쏘냐. 만화에서나 봄직한 풍경에 당황하고 말았지만, 지금은 종종 그 모습이 보고 싶을(?) 정도로 매력적인 모습으로 기억된다. 다시는 요리를 안 하겠다는 그녀를 다독이며 속으론 얼마나 흐뭇하던지……

그렇게 그녀는 내 앞에서는 항상 소녀 같다. 사실 우리의 결혼생활은 '두 평짜리 지하 사글셋방에 살아도 밥만 먹여주면 행복하게 살 자신 있다.'는 그녀의 씩씩한 말로 시작되었다. 그 말을 듣는 순간 '이 여자라면 평생을 함께 할 수 있겠구나.'라는 감동이 밀려왔고, 처음의 순수함이 우리의 결혼생활을 한결같게 만들고 있다.

'눈물의 된장죽'으로 기억되는 그 사건도 이제는 머나먼 옛일이다. 결혼 후 눈에 띄게 좋아진 아내의 요리 솜씨는 이제 바깥에서 먹는 음식을 쳐다보지도 않게 할 정도로 굉장해졌다. 프랑스식 일품요리가 부럽지 않은 내 아내 강민아식 유기농 요리가, 양평군을 넘어서 한류 음식의 대표로 나서는 그 날까지! 나 감우성이 매니저나 해 버릴까?

대한민국 모든 남자들이 '아내의 요리가 세상에서 가장 맛있다!'고 외치게 되는 날이 왔으면 좋겠다!

love cooking

Part 1

텃밭에서 직접 가꾼 신선한 야채로!
프레시 샐러드 & 주스

Contents

Part 2

오랜 시간 늘 처음처럼, 고마워!
정성 듬뿍 핸드메이드 빵과 쿠키

Part 3

난이도 높은 요리, 내 맘대로 레시피
Easy Cooking

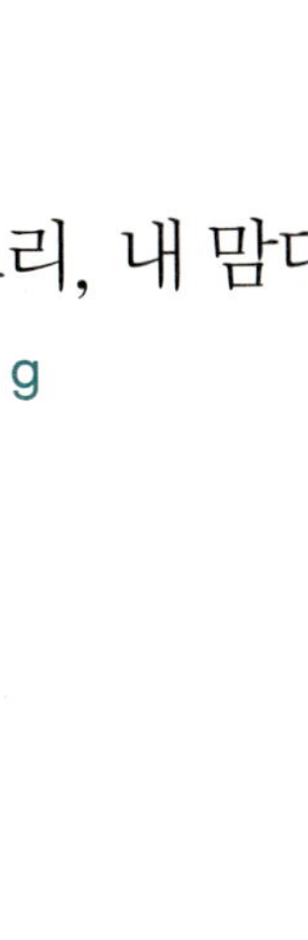

Part 4

두고두고 칭찬받은 손님 초대 요리
Party Cooking

Bonus Recipe 03
여럿이 모일 때 빠지지 않는
술과 가장 어울리는 맞춤 안주

Part 5

엄마 손맛 그대로! 기본 요리
Basic Cooking

Part 6

두고두고 감칠 맛 나게 먹자!
김치 & 저장 식품

Part 7

아내 사랑으로 속이 든든!
스페셜 도시락 (롤 & 스시)

Plus Information

책을 보기 전에

- 이 책의 모든 레시피는 4인 기준입니다.
- 이 책에 사용된 계량 단위는 1컵은 200cc(계량컵이 없을 경우 전기밥솥 계량컵 1컵 분량),
  1스푼은 10cc 정도로 일반 어른용 스푼이 기준입니다.
  단, 빵과 쿠키는 기존 요리법 계량 단위인 1컵 200cc, 1큰술 15cc, 1작은술 5cc를 따릅니다.

고마워요, 소울메이트!

우리는 1991년 MBC 20기 공채 탤런트 동기로 만나 17년이라는 시간을 보냈다.
같은 일을 꿈꿨다는 공통점 외에도 첫눈에 묘하게 통하는 것이 있었다.
식물처럼 섬세한 그와, 밝지만 우직한 나. 연애도 그 사람을 닮는다 했나.
작은 말다툼이 있어도 다음날이면 뭐 그리 심각했나 싶어, 누가 먼저랄 것도 없이 멋쩍게 웃으며 함께 밥을 먹었다.
그렇게 잔잔하게 시간이 흐른 지 15년이다.

이제 상대방은 서로의 또 다른 이름이 되었다.

결혼은 우리 두 사람에게 많은 변화를 주었다.

나는 늘 한결같은 남편이 애틋해, 우성 씨는 오랫동안 기다려준 나에게 감사해 '고맙다' 는 말을 달고 산다. 15년 연애하고, 결혼한 지 2년째. 서로에게 감사하는 마음은 부부 사이에 그 흔하다는 트러블도 덮어버렸다. 우리는 평소에도 큰소리 날 일이 거의 없다. 그는 문제가 생기면 답답함을 못 이겨 먼저 말을 꺼내는 편. 이때는 오히려 내가 대범해져 한 템포 쉬며 별다른 반응을 보이지 않는다. 가끔 대화가 잘 안 돼서 냉전 모드가 형성되어도, 이튿날이면 언제 그랬냐는 듯 잊어버리는 성격이라 도통 싸움이 되질 않는다. 우리 부부의 첫 번째 덕목은 '노력' 이다. 세상엔 저절로 되는 게 없다는 사실을 알기 때문이다. 서로 상대방의 입장이 되려고 노력하고, 전적으로 믿고 존중하는 것. 그것이 바로 우리 부부가 사는 방식이다.

Part 1

텃밭에서 직접 가꾼 신선한 야채로!

프레시 샐러드 & 주스

직접 가꾼 유기농 야채를 맛보는 전원생활의 묘미!
아침 햇살 속 갓 따온 싱싱한 야채를 식탁 위에 올려놓는 것으로 하루 행복이 시작됩니다.
야채 과일의 신선함을 살려 샐러드와 주스를 만들어볼까요?
프레시한 샐러드&주스로 매일 상쾌한 아침을 열어보세요.

오렌지 오이 샐러드

홍옥 드레싱

오렌지 1개, 오이 1개, 양상추 · 로메인 레터스 등 샐러드용 야채 약간

홍옥 드레싱 사과(홍옥) 1개, 설탕 3스푼, 소금 1/2스푼, 식초 2스푼, 올리브오일 1/2컵, 백후추 약간(1/8스푼)

How to

O1 홍옥은 믹서에 갈아 분량의 재료를 넣어 드레싱을 만든다.

O2 오렌지는 먹기 좋게 나눠놓고, 오이는 둥근 모양으로 썰어 샐러드용 야채와 섞는다.

O3 먹기 직전 샐러드를 담은 접시에 01의 드레싱을 뿌려 낸다.

Tip 드레싱의 식초는 사과식초를 사용하면 좋다.

수삼 샐러드

유 자 간 장 드 레 싱

수삼 2~3뿌리, 고구마 1/2개, 대추 · 잣 · 호두 · 땅콩 약간씩

유자 간장 드레싱 간장 · 미림 · 식초 각 3스푼, 레몬즙 1+1/2스푼, 유자청 1+1/2스푼

How to

01 수삼과 고구마는 채 썰어 설탕물에 담가 놓는다. (색깔이 변하는 것 방지.)

02 대추는 씨를 발라 채를 썰고, 잣과 호두, 땅콩 등의 견과류도 바로 먹을 수 있도록 잘게 잘라 준비한다.

03 드레싱 재료를 섞어 유자 간장 드레싱을 만든 다음, 01과 02의 모든 재료를 넣고 버무린다.

Tip 유자청이 없을시 유자차를 사용해도 됨.

쌉쌀한 수삼을 이용, 색다르게 먹어보는 샐러드.

해물 브로콜리 샐러드

마요네즈 와인 드레싱

A 새우(중하) 2줌, 홍합 1줌, 셀러리 1대, 치킨스톡(고체형) 1/2개, 화이트와인 3스푼

B 브로콜리, 방울토마토, 레몬

마요네즈 와인 드레싱 마요네즈 1컵, 화이트와인 3스푼, 레몬즙 1/2스푼, 갈은 양파 1/2컵, 소금 약간(1/8스푼)

How to

O1 새우와 홍합이 잠길 정도로 물을 붓고 셀러리 1대, 치킨스톡 1/2개, 화이트와인 3스푼을 넣어 삶는다.

O2 브로콜리는 적당한 크기로 잘라 소금물에 살짝 삶아 놓는다.

O3 방울토마토는 씻어 반으로 자르고, 레몬은 조각낸다.

O4 드레싱 재료를 모두 섞어 마요네즈 와인 드레싱을 만든 다음 샐러드에 곁들인다.

Tip 브로콜리는 여름엔 벌레가 많으므로 소다수에 담가 씻어준다.

와인에 잰 해산물과 브로콜리,
방울토마토, 레몬의 상큼한 만남!

된장 깨 샐러드

된 장 깨 드 레 싱

양파, 양상추 · 셀러리 · 래디시 · 무순 등 샐러드용 야채

된장 깨 드레싱 멸치육수 1/2컵, 간장 1/4컵, 정종 · 미소된장 · 물엿 · 참기름 · 레몬즙 · 미림 각 1+1/2스푼, 설탕 · 고운 고춧가루 각 1/2스푼,
소금 1/4스푼, 땅콩버터 4스푼, 갈은 깨 2/3컵

How to

01 양파는 손질해서 기다랗게 자른다.

02 양상추, 셀러리, 래디시, 무순은 깨끗이 씻어 물기를 제거한다.(야채탈수기(스피너)를 이용하면 손쉽다.)

03 믹서에 드레싱의 각 재료를 모두 넣고 갈아 된장 깨 드레싱을 완성한다.

04 접시에 야채를 골고루 놓은 다음 먹기 직전 드레싱을 뿌린다.

Tip 된장 깨 드레싱은 샤브샤브의 소스로 사용해도 맛있다.

콜리플라워 샐러드

검정깨 드레싱

콜리플라워 3줌, 방울토마토 5개, 검정콩 1줌

검정깨 드레싱 볶은 검정깨 6스푼, 마요네즈 3스푼, 레몬즙 3스푼, 참기름 1+1/2스푼, 설탕 1/4스푼, 소금 1/4스푼

How to

O1 콜리플라워는 삶아 체에 거른 다음 수분을 날린다. (찬물에 헹구지 말 것.)

O2 검정콩은 소금물에 삶아둔다.

O3 방울토마토는 깨끗이 씻어 두 도막 혹은 네 도막 낸다.

O4 드레싱 재료를 고루 섞어 검정깨 드레싱을 완성한 다음 준비된 콜리플라워, 검정콩, 토마토 등의
    재료를 넣어 버무린다.

촉촉한 콜리플라워에
고소한 검정깨 드레싱을 버무려
간편하게 먹는 샐러드.

날고구마와 밤을 주재료로 하여 고소한 잣 드레싱을 첨가한 샐러드.

고구마 밤 샐러드

잣 드레싱

A 고구마 1/2개, 밤 3알
B 양상추, 치커리, 로메인 레터스, 비타민, 비트, 셀러리 등 샐러드용 야채

잣 드레싱 잣 1줌, 우유 6스푼, 꿀 1+1/2스푼, 레몬즙 3스푼, 소금 1/4스푼

How to

O1 고구마와 밤은 껍질을 까서 고구마는 채 썰고, 밤은 편썰기 해 설탕물에 담가 둔다.

O2 드레싱의 재료를 모두 섞어 커터기에 갈아 준비한다.

O3 얇게 썬 고구마와 밤에 드레싱을 골고루 버무린 다음, 각종 샐러드용 야채를 첨가해 먹는다.

Tip 잣 대신 호두나 땅콩 등의 견과류를 사용해도 좋다.

활용 많은 베스트 드레싱

시큼한 냄새가 나는 버터밀크 드레싱은
복숭아, 체리, 딸기 등의
달콤한 과일과 잘 어울린다.

토마토케첩 특유의 향이 남아있는
사우전드 아일랜드 드레싱.
당근과 셀러리 등의 야채를 찍어 먹으면 맛있다.

사우전드 아일랜드 드레싱

토마토케첩 1/4컵, 마요네즈 1/2컵, 칠리소스 1/4컵, 다진 피클 6스푼, 다진 양파 1+1/2스푼,
다진 블랙올리브 1스푼, 완숙 계란 1개

How to

O1 계란 껍질을 깐 다음, 흰자는 다지고 노른자는 체에 걸러 곱게 만든다.

O2 01과 나머지 재료를 고루 섞어 드레싱 완성.

Tip 블랙올리브는 마요네즈의 기름기를 제거하므로 마요네즈가 들어가는 요리에 활용한다.

버터밀크 드레싱

버터밀크(휘핑크림 1컵, 식초 1+1/2스푼), 마요네즈 3/4컵, 양파즙 1스푼, 소금 1/4스푼,
마늘가루 1/2스푼, 파슬리가루 1/2스푼

How to

O1 분량의 휘핑크림과 식초를 섞어 1시간가량 두어 뻑뻑한 상태로 만든다.(버터밀크)

O2 01과 나머지 재료를 모두 섞어 드레싱 완성.

고운 색감과 맛! 시원한 천연 주스

Fresh Juice 1
밀감 오이 주스

밀감 2개, 오이 1/2개, 사과 1/2개, 사과식초 2스푼, 꿀 2스푼

How to

OI 밀감과 오이는 깨끗이 씻어 껍질을 벗긴다.

O2 사과는 껍질을 벗겨 속살만 도려낸다.

O3 믹서에 모든 재료를 넣고 간 다음 체에 한 번 걸러준다.

Fresh Juice 2
청경채 주스

청경채 3대, 양상추 2~3잎, 밀감 · 당근 · 사과 각 1개

How to

OI 청경채와 양상추는 깨끗하게 손질한다.

O2 밀감, 당근, 사과는 씻어 껍질을 벗기고 손질한다.

O3 믹서에 밀감, 당근, 사과를 먼저 넣고 갈다가 청경채와
양상추를 넣고 다시 한 번 갈아준다.

Fresh Juice 3

아보카도 셰이크

아보카도 1개, 우유 1컵, 레몬주스 2스푼, 물 2스푼, 얼음 6조각

How to

01 아보카도는 반으로 가른 다음 씨에 칼집을 내어 빼내고, 속살만 파낸다.

02 믹서에 얼음과 아보카도 속살, 나머지 재료를 모두 넣고 곱게 간다.

Fresh Juice 4

양배추 당근 주스

양배추 5잎, 당근 1개

How to

양배추와 당근을 깨끗하게 손질한 다음 믹서에 곱게 간다.

좀더 시원하게 마시고 싶으면 얼음을 넣어도 좋다.

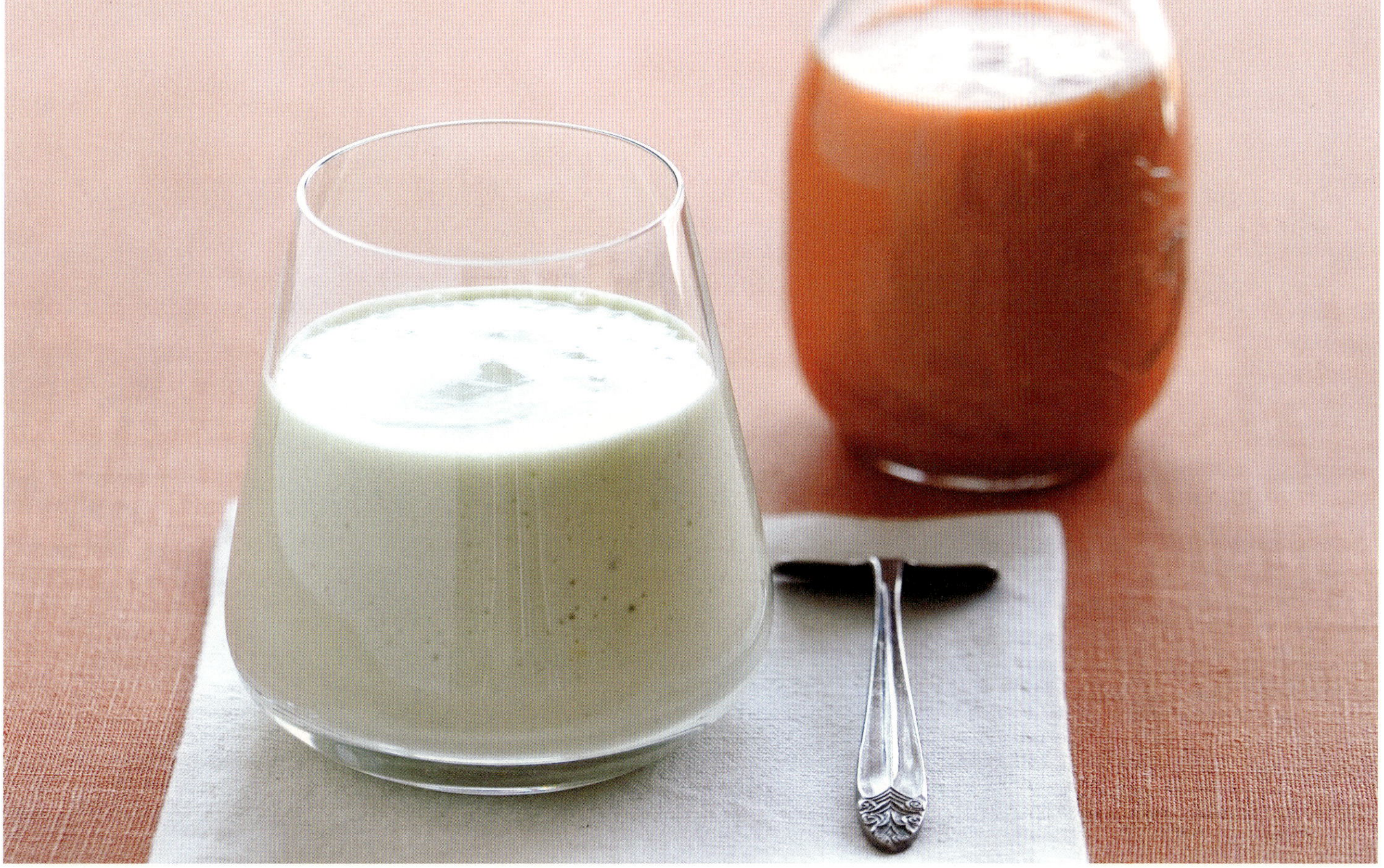

새로운 생활

2004년 봄, 양평으로 이사를 왔다.

우성 씨는 해외 촬영 중이어서 부득이 혼자 이사를 해야만 했다.

낯선 곳에 강아지 두 마리와 덩그러니 남겨졌을 땐 조금은 무섭기도, 또 외롭기도 했다.

하지만 얼마 되지 않아 따사로운 봄볕을 즐기게 되었고, 동네 어르신의 도움으로 텃밭도 만들어

여러 가지 채소들을 기를 수 있게 되었다.

이곳에 빨리 적응할 수 있었던 것은 어느 환경에서도 잘 적응하는 나의 성격과,

촬영에서 돌아와 우리의 텃밭을 보며 기뻐할 남편의 얼굴을 생각하며 열심히 밭에서 보낸 시간이 많은 도움이 된 듯하다.

지금 나는 더없이 행복하다.

계절이 바뀌는 것을 누구보다도 먼저 알게 해주는,
뒷산(우리는 그 뒷산을 코끼리산이라 부른다)의 나무들만 봐도 순간순간 가슴이 벅차오른다.
빨래를 해서 볕 좋은 마당에 보송보송 말려 걸 때, 도마를 햇볕에 소독해 들여 놓을 때,
강아지들이 마당에서 마음껏 뛰어놀 때도…….
어느 한순간도 소중하지 않은 것이 없다.
특히 텃밭에서 직접 기른 유기농 채소들을 수확해 식탁에 올릴 땐 얼마나 뿌듯한지…….

작년부터는 동네 아주머니들과 자주 만나 차도 마시고,
이곳 생활에 필요한 정보도 얻고,
봄에는 나물 캐러 산에 가고, 여름에는 오디 따고, 가을엔 은행도 털고,
김장도 함께 하고,
겨울엔 가끔 모여 고구마도 구워 먹는다.
낯선 전원생활에 어쩔 줄 몰라 하던 젊은 새댁은 어느덧 이렇게 억척스런 양수리댁이 다 되어가고 있다.

Part 2
오랜 시간 늘 처음처럼, 고마워!

정성 듬뿍 핸드메이드 빵과 쿠키

누군가를 위해 빵을 굽는다는 건 특별한 일입니다.
두 손을 하얗게 만들어가며 정성스레 반죽하고 구워내는 과정.
내가 만든 빵을 먹으며 행복해하는 그 사람의 모습을 상상하면 더욱 행복합니다.
사랑하는 사람을 생각하며 오늘은 달콤한 빵과 쿠키를 구워보세요.

카스텔라

박력분 150g, 설탕 120g, 우유 · 버터 · 꿀 각 30g, 달걀 6개, 유화제 10g(가공식품이므로 꼭 넣지 않아도 됨.)
오븐 온도 섭씨 180도(화씨 356도)에서 25~30분. 예열 10분.

How to

01 분량의 달걀과 설탕, 유화제를 커다란 볼에 넣고 휘핑기를 이용해 휘핑한다.

02 밀가루는 3번 반복해 체에 걸러준다.

03 01에 02의 밀가루를 넣고 주걱을 세워 칼질하듯이 반죽한다.

04 중탕한 버터, 우유, 꿀을 두 번에 나누어 넣으며 반죽을 완성한다.(간편 중탕 : 분량의
   버터 · 우유 · 꿀을 한데 모아 전자레인지에 1분 정도 데워 사용한다.)

05 바트에 유산지를 깔고 반죽을 고르게 담은 다음 5~6번 정도 가볍게 바닥에 치며 공기를 뺀다.

06 바트를 미리 예열된 오븐에 넣어 25~30분간 굽는다.(25분 이전에는 절대 오븐을 열지 말 것.)

07 다 구워진 카스텔라는 케이크플레이트에 올려 식힌 후 적당한 크기로 썬다.

Tip 꿀 대신 물엿을 사용해도 된다. 반죽에 녹차 가루를 섞으면 녹차카스텔라가 된다.
적당한 크기로 썰어 냉동 보관 후 먹기 직전에 해동하면 보다 촉촉해진다.

초코칩 쿠키

박력분 210g, 설탕 180g, 버터 180g, 달걀 1개, 베이킹파우더 3g, 초코칩(냉동보관 한 초콜릿을 손으로
잘게 부수어 사용) 100g
오븐 온도 섭씨 180도(화씨 356도)에서 15~20분. 예열 10분.

How to

01 커다란 볼에 버터를 넣고 크림상태로 휘핑한다.

02 01에 설탕을 넣어 버터와 설탕이 섞일 정도만 휘핑한다.(너무 많이 섞으면 흘러내리니 주의.)

03 02에 달걀을 풀어 넣고 다시 휘핑한다.(오래하지 말 것.)

04 분량의 박력분을 넣고 섞은 다음 마지막으로 초코칩을 넣고 주걱을 세워 사선으로 섞으며
   쿠키 반죽을 완성한다.

05 스푼을 사용해 한 입 크기로 떠서 바트 위에 하나씩 올려놓는다.

06 바트를 예열된 오븐에 넣어 15~20분 굽는다.

Tip 초코칩 대신 마시멜로를 잘라 넣어도 맛있다.

모카 케이크

A 박력분 180g, 설탕 190g, 우유 70g, 버터 30g, 꿀 30g, 달걀 6개, 유화제 10g(가공식품이므로 꼭 넣지 않아도 됨.),
모카커피 3g, 따뜻한 물 5g, 초콜릿
B 물 150g, 설탕 50g, 레몬 한 조각
C 휘핑크림 500g, 설탕 30g, 모카커피 15g, 따뜻한 물5g

시럽 냄비에 B를 넣고 끓이되 젓지 말고 가만히 둔다. 완전히 식은 후에 사용한다.(시판되는 메이플시럽을 사용해도 좋다.)
생크림 C의 휘핑크림에 설탕을 넣고 휘핑한다.(휘핑기는 차게 해서 사용한다.)
모카생크림 위의 생크림에 커피물(물 5g에 모카커피 15g을 녹인 것.)을 넣고 다시 휘핑한다.

오븐 온도 섭씨 180도(화씨 356도)에서 20분 굽다가 섭씨 170도(화씨 338도)에서 20분.

How to

OI A재료 중 분량의 달걀과 설탕, 꿀, 유화제를 커다란 볼에 넣고 휘핑기를 이용해 휘핑한다.

O2 분량의 따뜻한 물에 모카커피를 넣고 녹인 다음, 01에 넣고 다시 휘핑한다.

O3 02에 박력분을 넣고 주걱을 사선으로 저어가며 섞는다.(밀가루는 3번 반복해 체에 내려 사용.)

O4 버터와 우유를 섞어 중탕한 다음 두 번에 걸쳐 03에 넣고 저어 반죽을 완성한다.

O5 원하는 모양의 바트에 유산지를 깔고 반죽을 고르게 담는다.

O6 공기를 빼기 위해 바트를 5~6번 정도 가볍게 바닥에 친다.

O7 06을 예열된 오븐에 굽는다.(25분 이전에는 절대 오븐을 열지 말 것. 빵이 부풀다 정지됨.)

O8 구워진 케이크를 조금 식힌 다음 가로로 3단이 되게 자른다.

O9 완전히 식은 후 아래 단 사이에는 시럽을 바르고 위쪽 단 사이에는 모카생크림을 발라 쌓아 올린다.

IO 케이크 전체에 모카생크림을 바르고 초콜릿으로 장식한다.

특별한 날 준비하는 특별한 케이크.
모카향이 밴 부드러운 질감이 일품이다.

티타임에 빼놓을 수 없는 곁들이 간식, 파운드케이크!

파운드케이크

박력분 200g, 버터 200g, 설탕 150g, 물엿(or 꿀) 20g, 말린 과일(건포도, 블루베리 등) 80g, 베이킹파우더 5g,
달걀 3개, 바닐라 에센스 1방울

데커레이션 아몬드 슬라이스 or 버미세리(토핑), 잼 2큰술과 럼주 1큰술 섞은 것 or 달걀물(노른자 1개 + 우유 30g) or
메이플 시럽

오븐 온도 섭씨 200도(화씨 392도)에서 10분 굽다가(시간 전 절대 오븐을 열면 안 됨.), 섭씨 180도(화씨 356도)에서
45~50분.(180도 온도로 맞춘 다음 10분 정도 지나면 찔러 보아 밀가루가 묻어나오는지 확인한다.)
※종이 바트 사용 시 200도에서 10분, 180도에서 20~25분.

How to

01 분량의 밀가루와 베이킹파우더는 한데 섞은 다음 체로 3번 친다.

02 달걀을 흰자와 노른자로 분리해둔다.

03 달걀흰자에 설탕 80g을 넣고 그릇을 뒤집어도 떨어지지 않을 때까지 휘핑한다.

04 버터를 크림 상태로 만든 다음(전자레인지 사용하지 말고 실온에서 녹여야 함.) 볼에 담고 설탕
70g을 2~3회에 걸쳐 나누어 넣으며 휘핑한다.

05 04에 달걀노른자와 물엿, 바닐라 에센스를 넣고 다시 휘핑한다.

06 휘핑이 끝나면 말린 과일과 01을 모두 넣고 주걱을 사선으로 저어가며 섞는다.

07 반죽에 03을 섞는다. 골고루 섞으려면 먼저 2/3가량을 넣고 사선으로 섞은 다음 나머지 1/3을 넣고
다시 섞으면 된다.

08 네모난 바트의 가운데를 비우고 네 면을 중심으로 반죽을 담는다.

09 예열된 오븐에 넣어 섭씨 200도에서 10분 구운 다음 아몬드 슬라이스나 버미세리를 뿌린다.

10 이후 섭씨 180도에서 45~50분 구운 다음 꺼내어 달걀물이나 잼, 메이플시럽을 윗부분에 넓게 바른다.

단호박 떡 케이크

A 쌀가루 7컵, 단호박 1/2개(찐 단호박 무게 230g), 고구마 중간 크기 2개, 설탕 4큰술
B 서리태, 울타리콩, 동부콩, 기타 콩과 밤(콩과 밤은 소금을 넣어 삶은 다음 사용.)
C 단호박(세팅용) 1/4개, 물 50g, 설탕 50g, 물엿 20g

How to

O1 단호박과 고구마는 삶아 껍질을 벗기고 체에 곱게 내린다. 단호박 일부는 남긴다.

O2 쌀가루를 체에 2번 내린 다음 01과 골고루 섞어 다시 한 번 체에 내린다. 반죽을 손에 쥐어보고
2번 정도 위로 살짝 던져 올려 부서지면 물을 1큰술씩 보충하며 반죽한다.

O3 02에 콩, 밤, 설탕을 넣어 고루 섞는다.

O4 찜기에 면보를 깔고 면보 옆을 돌아가면서 단호박 찐 것을 잘라서 붙인 다음 그 안에 03을 넣고
40분간 찌고, 5분 뜸 들인다.

O5 C의 단호박은 얇게 저며 썰어 물, 설탕, 물엿을 넣고 끓인 다음 세팅용으로 사용한다.

고구마 케이크와 비슷하지만 훨씬 달콤하고 쫄깃한 단호박 떡 케이크.

블루베리 머핀

박력분 300g, 베이킹파우더 2작은술, 달걀 4개(200g), 버터 60g, 설탕 160g, 말린 블루베리 200g, 우유 40g

오븐 온도 섭씨 180도(화씨 356도)에서 25~30분. 예열 10분.

How to

O1 박력분과 베이킹파우더를 섞어 체에 한 번 서른다.

O2 버터는 중탕해서 녹여둔다.

O3 달걀 4개를 깨뜨린 다음, 설탕을 나누어 섞으며 거품을 낸다.

O4 03에 01을 넣어 가루가 안 보일 정도로 섞이면 우유를 넣고
버터 녹인 것을 섞는다.

O5 04에 블루베리를 넣어 섞는다.

O6 머핀틀에 베이킹컵을 하나씩 놓고 05의 반죽을 나눠 담는다.

O7 180도로 예열한 오븐에 25~30분 (색을 봐가면서)굽는다.

Tip 25분 후부터 오븐을 열지 말고 밖에서 색을 살피며 굽는다.

예쁘게 포장하면 선물용으로 그만인 앙증맞은 머핀.

입맛 살리는 제철 요리

우성 씨는 식성이 까다롭지 않은 편이다. 새로운 음식을 먹는 것을 좋아하고 때로는 양푼에 계란, 간장, 밥만 넣어 비벼서 된장찌개만으로도 맛나게 밥을 먹는다. 하지만 환절기에는 역시 그도 기운 없어하고 입맛도 사라지는 터라 나는 항상 제철에 나는 식재료를 이용한 요리를 해주려 노력한다.

특히 춘곤증으로 나른해지기 쉽고 입맛 없어하는 봄에는 들에 나가 봄나물을 캐서 무기질과 비타민이 풍부한 봄 야채들을 많이 섭취하게 해 입맛을 살려주려 한다. 좋은 선생님을 만난 덕에 동네 아주머니들과 함께 산에 가 산나물 새순과 산두릅을 따 산나물 샐러드와 두릅 튀김을 해주면 너무나 맛있게 먹어준다.

여름에는 오미자차와 냉매실차(매실은 직접 진액을 만들어두고 사용한다.) 등 한방 음료를 준비하고, 신선한 야채를 떨어지지 않게 준비해 둔다. 겨울만 되면 항상 목감기에 걸려 고생하는 그를 위해 한약재를 넣어 더덕차를 만들어 수시로 마시게 한다.(다행히 양평군이 더덕 산지여서 좋은 더덕을 싼 값에 구입하니 일석이조다.)

그리고 스트레스를 받아 소화가 잘 안되고 입맛이 없을 때는 양배추를 쪄서 강된장과 함께 낸다. 양배추는 특히 우성 씨가 좋아하는 음식이라 우리 집 냉장고엔 항상 대기 중이다.

텃밭에 야채를 키워 여름내 쌈밥도 해먹고, 생즙을 만들어 요리 재료로 사용한다. 고추는 먹다 남은 것은 말려 두었다가 요리 양념으로 사용하고, 가을에 캐는 호박고구마는 식혜, 수정과와 함께 겨우내 우리의 맛난 간식이 된다. 옥수수는 여름 별미로, 늙은 호박과 단호박은 호박죽과 떡을 해서 먹으면 겨울 별미로 그만이다.

Part 3

난이도 높은 요리, 내 맘대로 레시피

Easy Cooking

거창한 요리를 만들고 싶지만 어떻게 해야 할지 몰라 당황한 적 많을 거예요.
난이도 높은 요리 과정을 내 맘대로 간편하게 바꾸어볼까요?
맛과 모양은 그대로, 시간과 노력은 단축시키는 강민아 표 레시피!

약식

A 찹쌀 540g, 물 2컵
B 흑설탕 1컵, 간장 4+1/2스푼, 참기름 3스푼, 꿀 2스푼, 계피가루 약간
C 밤, 대추, 잣, 건포도 등의 견과류 기호대로 준비

How to

01 찹쌀은 물에 5~6시간 정도 두어 불린다.

02 밤, 대추, 잣, 건포도 등의 견과류는 잘 씻어 손질해둔다.(밤은 잘게 잘라도 좋다.)

03 불린 찹쌀을 채반에 밭여 물을 뺀 후 다시 물 2컵을 부어 전자레인지에 넣고
     10분간(강) 조리한다.(전자레인지에 넣을 때는 반드시 랩을 씌우거나 뚜껑이 있는
     용기에 담는다.)

04 B의 재료를 모두 섞는다.

05 03의 조리한 찹쌀에 밤을 섞어서 다시 8분간 전자레인지로 조리한다.

06 04의 소스와 밤을 제외한 나머지 견과류를 잘 섞어 다시 전자레인지로 10분간 조리한다.

07 3분~5분 정도 전자레인지 안에 그대로 두었다가 꺼낸다.

Tip 약식을 스쿠프로 둥글게 떠서 베이킹컵에 얹은 다음 랩으로 각각 씌워 선물용으로
     준비해도 좋다.

3분 인절미

찹쌀가루 180g, 설탕 30g, 소금 1/5스푼, 물 1컵

고물 콩가루, 계피가루, 녹차가루 적당량씩

How to

01 분량의 찹쌀가루와 설탕, 소금을 넣고 잘 섞은 다음 물 1컵을 넣고 반죽한다.

02 반죽에 랩을 씌워 전자레인지에 넣고 3분 동안 조리한다.

03 3분이 지나면 꺼내어 찹쌀의 위아래를 뒤집어 준 다음 다시 랩을 씌워
     전자레인지에 넣고 3분간 돌려준다.

04 반죽을 꺼내어 고물을 묻혀 한 입 크기로 잘라준다.

전자레인지를 이용해 간편하게 만드는 인절미.
기호에 따라 다양한 고물을 준비한다.

전자레인지를 이용해 간단하게 만드는
초간편 약식.

주변에서 손쉽게 구할 수 있는 재료를 이용
폼 나게 만드는 구절판 말이.

구절판 말이

맛살 2개, 마른 표고 2개, 달걀 2개, 당근 1/4개, 숙주나물(콩나물) 1줌, 풋고추 · 홍고추 각 2개, 잣가루 약간

말이 피 중력분 1컵, 물 1+1/2컵, 소금 1/4스푼, 달걀 3개 (색 내기 : 녹차가루 1+1/2스푼, 비트 1개)
겨자장 겨자 · 설탕 · 식초 각 1스푼씩, 물 2스푼, 소금 1/4스푼

How to

01 피의 재료를 모두 섞어 체에 한 번 걸러낸 다음 동그랗고 얇게 부쳐낸다.

(달걀은 흰자만 사용해도 된다. 이때 노른자는 03의 지단을 부칠 때 사용.)

피의 색 내기 반죽을 3등분하여 두 곳에 각각 녹차가루와 비트즙을 섞는다.

02 마른 표고를 물에 불린 다음 채를 썰어 밑간한다.

03 달걀은 흰자와 노른자를 분리해 따로 지단을 부쳐 채친다.

04 숙주나물은 머리와 꼬리를 제거한 다음 살짝 데쳐 고르게 길이를 맞추어 자른다.

05 풋고추, 홍고추는 씨를 제거한 다음 길이를 맞추어 고르게 채친다.

06 당근은 고르게 채친다.

07 맛살도 다른 재료와 같은 크기로 채친다.

08 넓은 접시에 피와 함께 각 재료를 돌려 담고 겨자장을 만들어 함께 낸다.

Tip 말이 피를 만들 때 비트즙을 넣는 경우에는 물의 양을 그만큼 줄인다.

매콤한 야식으로, 모든 술과 어울리는 일등 안주로 언제 어디서나 환영받는 아귀찜.

아귀찜

A 아귀 600g, 미나리 3줌, 콩나물 7줌, 대파 1대, 미더덕 1/2컵, 정종 2스푼
B 고춧가루 10스푼, 다진 마늘 5스푼, 생강즙 1+1/2스푼, 혼다시 1+1/2스푼, 간장 5스푼, 소금 1/4스푼,
　참기름 1+1/2스푼, 통깨 1+1/2스푼
C 식용유 4스푼, 물 1컵, 찹쌀가루 1/2컵

와사비간장 간장 2스푼, 다시마물 1스푼, 와사비 기호대로

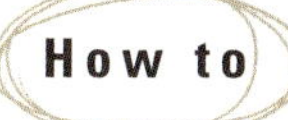

How to

OI 아귀를 손질해 소금물에 2시간(여름엔 30분) 정도 담갔다가 건진 다음 이틀(여름엔 한나절) 정도
　가만히 두고 물기를 뺀다.

O2 콩나물은 머리를 제거하고, 파와 미나리는 손질해 같은 크기로 자른다.

O3 B의 재료 중 참기름과 통깨를 제외한 나머지를 섞어 양념을 만든다.

O4 팬에 C의 기름을 두른 다음 중불에 미더덕, 아귀, 정종을 차례로 넣고 뚜껑을 덮어 삶는다.

O5 04가 끓으면 콩나물을 넣고 다시 한소끔 더 끓인다.

O6 05에 C의 물과 03의 양념을 넣어 소스가 풀리도록 저어준다.

O7 06에 간이 배면 미나리와 파를 넣고 C의 찹쌀가루를 뿌려준 후 참기름과 통깨로 마무리 한다.

Tip 아귀 대신 코다리 2마리를 넣고 조리하면 매콤한 코다리찜이 된다.

깐소새우

칵테일새우 60마리(300g), 달걀흰자 3개분, 옥수수녹말가루 9스푼, 밀가루(튀김가루) 9스푼

<u>소스</u> 고추기름 1/4컵, 다진 마늘 3스푼, 다진 셀러리 6스푼, 식초 1+1/2스푼, 토마토케첩 1/2스푼, 설탕 4+1/2스푼

How to

O1 분량의 옥수수녹말가루와 밀가루, 달걀흰자를 손으로 주물러 반죽해 튀김옷을 만든다.

O2 새우에 튀김옷을 얇게 입힌 다음 기름에 노릇하게 튀긴다.(기름온도 : 튀김옷을 조금 떨어뜨려 바로 떠오를 때.)

O3 고추기름에 마늘, 셀러리, 케첩, 설탕을 넣고 끓이다가 마지막에 식초를 넣어 소스를 완성한다.

O4 03의 완성된 소스에 02의 튀긴 새우를 넣어 버무린다.

Tip 셀러리가 없을 때에는 풋고추나 피망을 잘게 다져 사용해도 된다.

매콤새콤 고추기름 소스에 튀긴 새우를 버무려
뜨겁게 먹는 깐소새우.

치즈 퐁듀

A 버터 2스푼, 다진 마늘 2스푼, 밀가루 3스푼, 우유 3/4컵, 화이트와인 1/3컵,
우스터소스 1스푼, 머스터드소스 1/2스푼, 홀스래디시소스 1스푼, 체다치즈 180g,
피자치즈 180g, 다진 블랙올리브 1/2스푼

B 햄, 소시지, 새우, 가리비, 브로콜리, 사과, 양송이, 바게트, 가래떡 외

How to

O1 팬에 분량의 버터와 다진 마늘, 밀가루를 넣고 볶는다.

O2 이후 우유, 화이트와인, 우스터소스, 머스터드소스,
홀스래디시소스, 블랙올리브, 체다치즈, 피자치즈를 넣고
저어주면서 약한 불에 끓인다.

O3 햄, 소시지, 빵, 떡, 과일 등 기호대로 퐁듀에 찍어 먹을 것을 준비해
한 입 크기로 잘라둔다. 햄과 소시지는 뜨거운 물에 살짝 데친다.

O4 긴 꼬챙이에 재료를 꽂아 퐁듀와 함께 낸다.

Tip 01에 우유를 조금씩(3스푼 정도) 넣고 풀어야 밀가루에
멍울이 생기지 않고 잘 풀린다.

다양한 치즈를 녹여 더욱 고소한 퐁듀.
파티 요리로 준비해도 손색이 없다.

우리가 만들어가는 우리집!

올 초, 새 집으로 이사를 했다.

우성 씨와 나의 정성이 가득 들어간 우리의 새 보금자리다.

작년 여름 그가 영화 촬영으로 부산에서 생활하면서 동시에 집도 지어지고 있었다.

현장에서 떨어져 있으니 항상 전화로 상의하고, 하루라도 틈이 나면 집에 들러 공사현장 확인하고, 회의하고……

부산과 집을 오가며 두 곳의 일들을 소화하느라 많이 힘겨워했지만,

어느 한 곳 그의 손길이 닿지 않은 데가 없을 만큼 많은 고민을 하고 만들어낸 결과물이다.

지나고 생각하니 어떻게 그 시간들을 보냈는지……

나 혼자 있으면서 너무나 할 일들이 많아 하루가 어찌 가는지 모를 지경이었다.

네 마리였던 멍멍이가 여섯 마리가 되었고,

아직 애기들인 새로 온 두 마리의 화장실 가리기는 지금 생각해도 많이 힘들었다.

그리고 텃밭에, 공사장 잔일에, 내게 맡겨진 주방, 1층, 2층 욕실까지. 정말 많은 책을 보며 연구도 했다.

학교 다닐 때 그만큼 공부했으면 부모님이 무척 기뻐하셨을 텐데. 그래도 너무 행복했다.

우리가 만들어가는 우리집이니까!

전에 살던 집도 너무나 좋았지만 항상 우성 씨의 작업실이 없는 것이 늘 마음에 걸렸었다.

언제든 시간이 나면 다시 붓을 들고 그림을 그리는 모습을 보고 싶었다.

그가 그림을 그리는 모습은 정열적이면서도 너무나 사랑스럽다.

이제 근사한 작업실도 생기고, 헬스장 그리고 내가 꿈꾸던 예쁜 주방도, 여섯 마리 멍멍이들을 위한 각자의 저택도 생겼다.

와인을 즐기는 우리가 심혈을 기울여 만든 가장 마음에 드는 공간은,

지하지만 또 지하가 아닌(뒤 쪽은 땅속에 앞쪽은 통 창으로 정원이 한눈에 보인다.)

와인바와 암반을 파서 만든 와인저장고이다. 그곳에서 영화도 보고 와인도 한 잔!

문고리 하나 문짝 하나까지, 세면기에 수도꼭지까지,
아주 작은 부분 하나하나까지 우리의 정성이 안 들어간 곳이 없다.
집의 포인트인 높은 거실의 샹들리에는 그가 직접 디자인해 주문제작한 세계 유일한 감우성표 등이 되었고,
길고 큰 거실의 커튼은 우리를 무척 많이 고민하게 했지만
우리의 힘들었던 지난 여름과 가을, 겨울을 보상해주듯 만족스럽다.
거실 피아노에 앉아 큰 창을 통해 정원을 내려볼 때면 마음이 한없이 너그러워진다.
거실 카펫에 누워 높은 천장을 보노라면 흐뭇하기도 불안하기도 하다. 샹들리에가 어찌나 웅장한지…….

Part 4

두고두고 칭찬받은 손님 초대 요리

Party Cooking

음식은 나눌 때 더욱 맛이 있다고 하죠?
하지만 손님을 초대하기에는 내 실력이 못 미치는 것 같아 망설여집니다.
많은 사람들이 가장 좋아하는 요리부터 하나씩 배워보세요.
작은 정성만으로 넉넉한 정을 베풀 수 있습니다.

골고루 양념간이 밴 불고기는
남녀노소 모두가 좋아하는 메뉴.

불고기

불고기감(안심) 600g, 양파 1개, 대파 2대, 버섯 2줌, 쌈 야채(깻잎, 상추, 오이 등)

양념장 맛간장(p.153 참조) 1/4컵, 물엿 3스푼, 다진 마늘 1+1/2스푼, 참기름 1+1/2스푼, 후추 약간

How to

O1 양념장을 만든 다음 불고기감에 발라 30분에서 1시간 정도 재운다.

O2 양파, 대파, 버섯 등의 야채를 한 입 크기로 잘라둔다.

O3 센 불에 01과 02를 넣고 함께 볶아준다.

O4 풍성한 야채와 함께 낸다.

냉샤브

샤브샤브용 고기 200g, 치커리 · 무순 · 깻잎 · 양상추 · 양파 · 레드 치커리 · 영양 부추 등 야채

<u>소스</u> 멸치육수(p.152 참조) 1/2컵, 식초 7+1/2스푼, 정종 3스푼, 레몬즙 4+1/2스푼, 간장 1/4컵, 설탕 · 연겨자 · 생강즙 각 1/2스푼

How to

O1 얇게 자른 샤브샤브용 고기를 끓는 물에 살짝 데쳐 얼음물에 헹군 다음 건져 물기를 제거한다.

O2 01을 분량대로 섞어 만든 소스에 버무려 잠시 냉장고에 보관한다.

O3 각종 야채를 손질해 찬물에 씻은 다음 물기를 제거한다.

O4 03 또한 소스에 버무려 접시에 넓게 깔고, 그 위에 고기를 얹고 다시 야채를 얹는 식으로 켜켜이 쌓아 수북이 담아낸다.
    무순은 제일 위에 고명으로 얹으면 좋다.

O5 시원하게 먹을 때는 개인 접시에 얼음을 담아 고기와 야채를 차게 해서 먹으면 좋다.

Tip 고기를 데쳐 낸 국물은 미역국이나 떡국에 사용하거나 국수의 육수로 사용해도 좋다.

더운 여름에도 깔끔하게 고기를 차려낼 수 있는 방법, 냉샤브.

담백한 흰 살 생선을 새콤달콤한 매실소스에
버무려 먹는 색다른 요리.

흰 살 생선 매실소스

A 흰 살 생선(대구포, 동태포 등) 400g, 소금 1/4스푼, 후추 약간(1/8스푼), 정종 3스푼, 달걀흰자 1개,
　불린 감자녹말 1+1/2컵
B 양파 1/2개, 표고버섯 5개, 청피망 · 홍피망 각 1개
C 물녹말(녹말과 물을 1:1로 섞은 것.) · 참기름 약간

<u>소스</u> 매실소스(중화매실소스) 6스푼, 간장 · 식초 · 물 · 설탕 각 3스푼, 정종 1+1/2스푼

How to

O1　흰 살 생선은 껍질만 벗긴 상태로 준비해 한 입 크기로 썬 다음 분량의 소금, 후추, 정종, 달걀흰자로
　　밑간을 한다.

O2　녹말을 5~6시간 불린 후 물을 따라낸 다음 밑간한 생선을 넣어 옷을 입힌다.

O3　생선을 노릇하게 튀긴다.(기름 온도 : 튀김옷을 조금 떨어뜨려 바로 떠오를 때.)

O4　양파, 표고버섯, 피망을 한 입 크기로 썬 다음 팬에 식용유를 두르고 살짝 볶는다.

O5　소스 재료를 모두 섞어 매실소스를 만든 다음 야채가 담긴 팬에 넣고 끓인다.

O6　튀긴 생선을 05에 버무린 다음 물녹말로 농도를 맞추고, 마지막에 참기름을 떨어뜨려 접시에 담는다.

Tip 뜨거울 때 먹어도 좋지만, 식은 후에는 색다른 맛이 난다.

무교동 낙지볶음

낙지 2마리, 밀가루 1/2컵, 대파 2대, 콩나물 3줌, 왕소금 약간

볶음 양념 멸치육수(p.152 참조) 1스푼, 고춧가루 10스푼, 맛간장(p.153 참조) 4+1/2스푼, 미림 3스푼, 다진 파 3스푼, 혼다시 1스푼, 후추 1/4스푼, 통깨 1+1/2스푼, 참기름 3스푼

How to

OI 낙지는 먹통을 딴 다음 볼에 담아 밀가루를 넣고 박박 주물러 씻는다.

O2 콩나물은 왕소금을 조금 넣고 데친다.

O3 낙지를 길게 썰어 대파를 넣고 한 번 볶는다.

O4 볶음 양념을 분량대로 섞어 만든 다음 03의 낙지를 양념에 버무렸다가 센불에 볶는다.

O5 낙지볶음과 데친 콩나물을 함께 버무려 담아낸다.

Tip 낙지는 소금으로 문질러 씻지 말고 반드시 밀가루를 이용해 씻는다.

보기만 해도 눈물이 찔끔 나는 매운 요리의 대명사,
무교동 낙지볶음을 집에서 만든다.

시원한 국물이 일품인 해물탕에 꽃게를 넣어
시각적 · 미각적 효과를 더한 요리.

꽃게 해물탕

A 꽃게 2마리, 새우(중하) 10마리, 바지락 1컵, 미더덕 1/2컵
B 호박 1/2개, 양파 1/2개, 콩나물 1줌, 미나리 1줌, 대파 2대, 청 · 홍고추 각 2개, 쑥갓 · 깻잎 약간씩

육수 물 8컵, 국물용 멸치 12~13마리, 말린 새우 10마리, A의 새우 머리, 무 1/3개, 다시마(사방 10cm) 1장, 혼다시 2스푼
양념장 육수 10스푼, 고춧가루 10스푼, 액젓 2스푼, 된장 2스푼, 다진 마늘 3스푼, 다진 파 3스푼, 생강술(p.152 참조) 1/2스푼

How to

01 꽃게를 비롯한 해산물과 야채를 잘 씻어 손질한다. 새우는 머리를 잘라 둔다.

02 육수 재료의 무는 살짝 데쳐 놓는다.

03 냄비에 멸치를 볶다가 혼다시를 제외한 나머지 육수 재료와 01의 새우 머리를 넣고 끓여 육수를 만든다. 무와 말린 새우를 미리 건지고 채반에 걸러 맑은 국물을 받아낸 다음 혼다시를 넣는다.

04 분량의 재료들을 섞어 양념장을 만든다.

05 냄비에 콩나물을 깔고 육수를 부은 다음 건져둔 말린 새우와 무를 잘라서 얹는다. 그 위에 꽃게와 B의 야채들을 돌려가며 담고 가운데에 양념장을 얹는다.

06 마지막으로 새우를 돌려가며 얹은 다음 그대로 끓여 낸다.

Tip 말린 새우 대신 바지락을 넣어도 좋다.

월남쌈

라이스페이퍼 20장, 쌀국수, 고기, 맛살, 부추, 아보카도, 양상추, 파프리카, 숙주, 칵테일새우, 파인애플, 깻잎 등을 적당히 준비

소스 피시소스 3스푼, 라임주스 6스푼, 설탕 1/2스푼, 다진 청 · 홍고추 각 1스푼

How to

01 쌀국수는 살짝 익히고, 고기는 불고기감으로 양념 없이 그냥 구워 얇게 채 썬다.

02 칵테일새우를 제외한 모든 재료를 같은 크기로 얇게 채 썬다.

03 라이스페이퍼를 뜨거운 물에 잠시 넣어 부드럽게 만든 다음 그 위에 각 재료를 원하는 만큼 넣어 돌돌 만다.

04 쌈을 소스에 찍어 먹는다.

Tip 피시소스가 없을 경우 우리나라 액젓을 사용해도 된다.

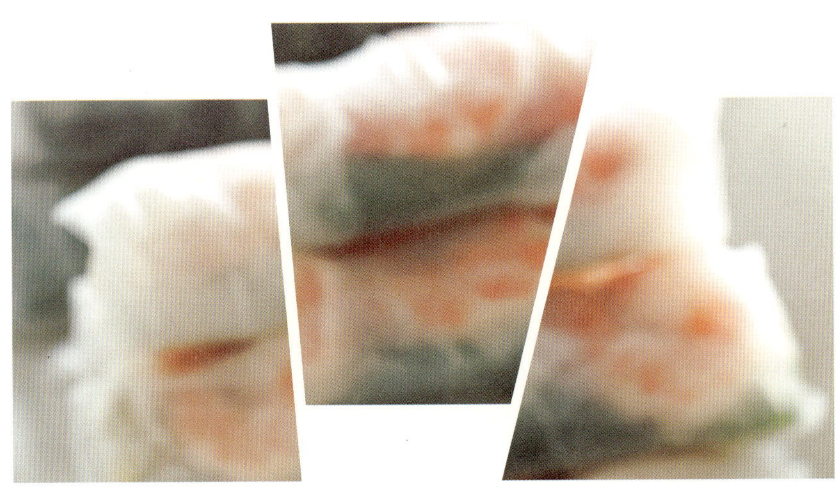

칼로리 부담 없이
색다른 분위기의 식단을
연출할 수 있는 월남쌈.

뱃속 더위까지 식혀주는 냉메밀국수.
입에 착착 붙도록 국물을 만드는 것이 관건이다.

냉메밀국수 (냉모리소바)

메밀국수(삶은 것) 8줌, 무즙 1컵, 김 1장, 실파 1대, 와사비 기호대로

소스 국물용 멸치 18~20마리, 다시마(사방 10cm) 1장, 마른 표고버섯 6~7개, 물 3컵, 간장 2컵, 미림 3컵, 정종 2컵, 가다랑어포(가쓰오부시) 6줌, 설탕 4+1/2스푼, 혼다시 4+1/2스푼, 멸치조미료 1+1/2스푼

How to

01 냉메밀소스(p.154 참조) 1컵과 냉수 2컵을 섞어(1:2 비율) 국물을 만든다.

02 실파는 송송 썰어 찬물에 한 번 헹구어 물기를 제거하고, 무는 강판에 갈아 베보자기에 싼 다음 조금씩 눌러가며 물기를 뺀다. 동그랗게 만든 무즙 덩어리는 냉장고에 보관한다.

03 메밀국수를 삶는다. 물에 소금을 조금 넣어 물이 끓으면 국수를 넣고 다시 끓어오르면 찬물을 1컵 부어 잠잠하게 만든 다음, 다시 끓으면 건져내 찬물에 헹구어 건져둔다. (일반 국수 삶기와 동일.)

04 국수와 국물, 무즙 덩어리를 따로 담아 낸다.

05 채 썬 김과 와사비 등을 기호대로 첨가해 국수를 국물에 잠시 담갔다가 먹는다.

Tip 메밀소스와 물을 1:1 비율로 섞어 레몬 1조각을 띄우면 튀김용 소스로 사용 가능하다. 더운 여름에는 01의 국물을 우유팩에 1인분씩 얼려두었다가, 면을 삶고 준비하는 동안 조금씩 녹이면 시원하게 먹을 수 있다.

여럿이 모일 때 빠지지 않는 술과 가장 어울리는 맞춤 안주

낙지소면

낙지 2~3마리, 청 · 홍고추 각 5개, 양파 1~1+1/2개, 대파 2대, 당근 1/2개,
양배추 5잎, 소면 적당량

양념 다진 마늘 5스푼, 생강술(p.152 참조) 1+1/2스푼, 고추장 5스푼,
　　　고춧가루 1/2컵, 맛간장(p.153 참조) 6스푼, 물엿 1+1/2스푼,
　　　후추 약간(1/8스푼), 참기름 2스푼, 소금 1/2스푼, 통깨 약간, 식용유 약간

How to

OI 낙지를 채반 위에 올려놓고 찬물에 여러 번 씻는다.
　　　(냉동일 때에는 소금물에 담가 해동한 다음 씻는다.)

O2 양파와 당근을 비롯한 야채는 먹기 좋은 크기로 썬다.

O3 팬에 기름을 두르고 마늘과 생강술을 넣어 볶아 향을 낸다.
　　　여기에 고춧가루를 넣고 불린다.

O4 03에 분량의 맛간장, 소금, 양파를 넣고 볶다가 고추와 대파,
　　　당근, 양배추, 낙지를 차례로 넣고 볶는다.

O5 마지막으로 고추장과 물엿, 후추를 넣어 볶아주고 참기름으로
　　　마무리한다.

O6 낙지를 담고 통깨를 솔솔 뿌린 다음 소면과 함께 낸다.

Tip 소면 맛있게 삶기

OI 냄비에 물이 끓으면 소금 1스푼과 식용유 1/2스푼을 넣은
　　　후 면을 부채 모양으로 펼쳐 넣어 젓가락으로 저어준다.

O2 하얀 거품이 일면서 끓어오르면 물 1/2컵을 부어 거품을
　　　가라앉힌 다음 다시 끓인다.

O3 다시 끓어오르면 물 1/2컵을 더 부어 2~3분정도 끓인 후
　　　체에 건져 찬물에 비벼 씻은 다음 물기를 뺀다.

매콤한 낙지에 소면을 돌돌 말아 한 입에 쏙!
가장 인기 있는 술안주 낙지소면.

삼겹살 양념 구이

삼겹살 600g, 상추와 깻잎 등 계절 쌈 야채, 통마늘 · 풋고추 적당량

구이 양념 맛간장(p.153 참조) 8스푼, 고추장 4스푼, 고춧가루 4스푼, 물엿 3스푼,
다진 마늘 3스푼, 깨소금 1스푼, 후추 1/4스푼, 양파 1/2개, 대파 1대

How to

01 삼겹살은 두툼한 숯불용으로 준비한다.

02 구이 양념을 한 데 섞어 믹서에 간다.

03 고기에 02의 양념을 바르고 그 위에 다시 고기를 덮어 양념을
바르는 식으로 켜켜이 쌓아 재워 냉장고에 하루 정도 둔다.

04 불에 구워 한 입 크기로 잘라 바로 쌈 야채와 함께 먹는다.

느끼한 삼겹살 구이는 가라!
양념이 배어 부드러운 질감이 일품인 고기 안주.

훈제 연어 샐러드

A 훈제 연어 200g, 양상추 4~5잎, 오이 1/2개
B 땅콩버터, 홀스래디시, 케이퍼, 날치알, 무순, 양파 적당량씩

How to

O1 양상추를 손바닥의 반 정도 되는 크기로 자른 다음 땅콩버터 →
훈제 연어→홀스래디시→케이퍼 3~4알→날치알 순으로 올린
다.

O2 무순과 가늘게 자른 양파 등으로 장식한다.

O3 길고 얇게 자른 오이에 훈제 연어와 나머지 재료를 넣고 둘둘
말아도 예쁘다.

Tip 날치알은 투명도를 확인한 후 구입한다.

토마토 모차렐라 치즈

A 완숙 토마토 2개, 모차렐라 치즈 1개, 프레시 바질 약간
B 올리브유 1스푼, 발사믹 식초 1스푼, 소금 · 통후추 각 1/8스푼

How to

O1 모차렐라 치즈와 토마토는 같은 두께로 둥글게 썬다.

O2 접시에 토마토 슬라이스와 모차렐라 치즈 & 프레시 바질을
번갈아 가며 담는다.

O3 소금, 올리브유, 발사믹 식초와 통후추를 갈아 뿌린다.

Tip 프레시 바질이 없을 때에는 말린 바질잎이나 새싹 채소를 이용한다.

훈제 연어의 독특한 풍미를 살린 촉촉한 와인 안주.

집 안 곳곳 애정을 담아내다

기본 뼈대는 물론 집 안 곳곳의 작은 소품도 어느 하나 우리의 손길을 거치지 않은 것이 없는 2층집.
방마다 색다른 느낌을 주기 위해 천장 모양을 달리 하고,
거실을 복층으로 만들어 이국적인 느낌을 살린 것은 두고두고 마음에 든다.
살기 좋도록 필요한 공간을 하나씩 추가하다 보니 시간이 길어질 수밖에 없었는데,
와인을 좋아하는 남편을 위해 지하에 아늑한 와인 바를 만들었더니 저장고가 필요했고,
주차장 위의 빈터가 아까워 공간을 냈더니 외국처럼 다락방이 생겼다.
이 공간은 미술을 전공한 남편을 위해 아늑하고 밝은 아틀리에로 꾸몄다. 특히 신경 써서 꾸민 곳은 주방이다.
효율적인 동선을 위해 일자형으로 계획하고, 일손을 덜어주는 시스템 가구와 아일랜드 조리대를 들여 심플하게 완성했다.

2층을 터서 높이가 8미터 정도 되는 거실은 사방으로 길게 창을 내어 하루종일 화사한 빛이 쏟아진다. 앤티크한 스타일의 큼직한 블랙 샹들리에로 공간에 힘을 주었는데, 이것은 우성 씨가 직접 디자인하고 주문제작한 것. 타일로 마감한 바닥은 자갈로 난방을 하는 방식으로 시공했는데, 겨울에는 찜질방이 따로 없고 여름에는 에어컨을 틀지 않아도 될 정도로 시원해진다.

지하의 와인 바는 영화를 보고, 음악을 들으며 와인 한 잔 마실 수 있는 아늑한 방이다. 와인 냉장고는 와인 마니아 우성 씨의 스페셜 컬렉션들로 가득하다. 특히 내가 태어난 해인 1971년산 샤토 무통 로쉴드 와인은 남편에게 결혼 선물로 받아 두고두고 보관하는 의미 있는 와인이다.

앞마당 데크에는 내추럴한 나무 상판의 큼직한 야외 테이블을 놓았다. 서울에서 사람들이 자주 내려와서 넓은 식탁이 필요한데, 여름에는 이곳에서 와인을 곁들인 바비큐 파티도 열 생각이다.

우성 씨의 미술 작업실을 새로 만들었다. 그는 항상 바쁜 일정에 쫓기지만 시간이 나면 다시 붓을 들 생각. 틈틈이 그린 그림으로 언젠가는 전시회를 열 계획이다.

Part 5

엄마 손맛 그대로! 기본 요리

Basic Cooking

된장찌개, 김치찌개 및 각종 밑반찬 등 식탁에 빠질 수 없는 기본 요리들은
자주 해 먹기 때문에 꼭 알아두어야 할 레시피.
엄마 손맛이 그리울 때 만들어 먹어도 좋겠죠?
잘 알려진 요리이지만 보다 담백하고 영양 많게 레시피를 조금 변형한 웰빙식 기본 요리랍니다.

우리나라 사람이 가장 좋아하는 기본 중의 기본 음식, 된장찌개.
맛의 관건은 정성과 손맛.

된장찌개

A 멸치육수(p.152 참조) 4컵, 된장 3스푼, 바지락 1컵, 호박 1/6개, 풋고추 2개, 양파 1/4개
B 두부 1/2모, 다진 마늘 1스푼, 혼다시 1/2스푼

How to

O1 냄비에 멸치육수를 붓고 된장을 잘 풀어준다.

O2 야채는 잘 손질해 적당한 크기로 자르고, 두부도 깍둑썰기 한다.

O3 01이 끓으면 바지락 1컵을 넣고, 다시 끓어오르면 야채를 넣는다.

O4 03에 다진 마늘과 혼다시, 두부를 넣고 끓으면 불을 끈다.

Tip 취향에 따라 고춧가루를 첨가해도 좋다.

등 푸른 생선 김치찌개

A 김치 1/4포기, 고등어 1마리, 식용유 3스푼, 물 2컵, 김치국물 6스푼
B 된장 1+1/2스푼, 왕소금 1스푼, 고춧가루 3스푼, 청양고추 2개, 다진 마늘 1스푼, 대파 1대, 혼다시 1스푼

How to

01 냄비에 식용유를 두르고 김치를 김치국물과 함께 볶는다.

02 01이 석낭히 볶아지면 물 2컵을 붓고 뚜껑을 덮어 15~20분간 끓인 나음, 불을 끄고 나시 15~20분간 가만히 둔나.

03 다시 불을 켠 다음 된장과 고춧가루를 풀고 끓기 시작하면 생선을 넣는다.

04 생선이 익을 때 쯤 다진 마늘을 넣고 마지막에 청양고추와 대파, 혼다시를넣고 왕소금으로 간을 하여 마무리한다.
    (왕소금은 한 번에 다 넣지 말고 간을 보며 넣는다.)

Tip 고등어 대신 꽁치를 넣어도 좋으며 대신 2마리를 넣는다.

매운 김치와 등 푸른 생선이 어우러져
고소하면서도 칼칼한 맛을 내는 김치찌개.

콩나물국

멸치육수(p.152 참조) 5컵, 콩나물 2줌, 대파 1/2대, 왕소금 1/2스푼,
다진 마늘 1/2스푼, 홍고추 1/2개

How to

01 콩나물은 다듬어 씻고, 대파와 홍고추는 씻어 얇게 썬다.

02 기본 멸치육수에 왕소금을 녹인 다음, 콩나물을 넣고 한소끔 끓인다.

03 02에 대파, 다진 마늘을 넣고 홍고추를 넣은 후 불을 끈다.

Tip 콩나물국은 반드시 간을 한 후 끓여야 비린내가 나지 않는다.

홍합 미역국

치킨브로스 1캔, 물 1캔, 불린 미역 1줌, 그린홍합 8~10개

How to

01 그린홍합은 껍질과 알맹이를 분리해둔다.

02 냄비에 치킨브로스 1캔과 물 1캔을 넣고 한소끔 끓인다.

03 02에 불린 미역 1줌을 넣고 다시 끓으면 그린홍합을 넣어 한소끔 끓인 다음 불을 끈다.

흔히 보는 감자 대신 고구마로 조리한 반찬.
다시마향과 어우러져 독특한 맛이 난다.

닭 육수인 치킨브로스로 만들어
더욱 영양 많은 계란탕.

저장 반찬으로 제격인
꽈리고추를 넣어
약간 매콤한 멸치볶음.

고구마 다시마 조림

A 고구마 2개, 다시마 사방 10cm, 실파 약간
B 식용유 3스푼, 다시마 우린 물 1컵, 설탕 5스푼, 미림 1스푼, 간장 3스푼

How to

01 A의 다시마는 물 4컵에 넣어 2시간 불려놓고 그 물은 B의 다시마 우린 물로 사용한다.

02 고구마는 껍질을 벗겨 한 입 크기로 자르고, 불린 다시마는 건져 길게 채 썬다.

03 기름을 두른 냄비에 고구마를 볶다가 채 썬 다시마를 넣고 다시 볶는다.

04 03에 다시마물 1컵을 넣은 다음 뚜껑을 열고 센불에 끓인다.

05 끓기 시작하면 나머지 B재료를 넣고 익힌다.

06 뚜껑을 닫고 중불에서 서서히 졸인 다음 뚜껑을 열고 센 불에서 졸인다.

07 송송 썬 실파를 뿌리거나 마지막에 참기름을 살짝 발라도 좋다.

Tip 다시마는 기본멸치육수(p.152 참조)를 만들고 건져낸 것을 버리지 말고 냉동보관 했다가 사용해도 좋다. 그 때는 B재료에 맹물을 사용한다.

멸치볶음

A 볶음용 멸치 4컵, 꽈리고추 20개, 땅콩 1+1/2컵, 참기름 1+1/2스푼
B 맛간장(p.153 참조) 6스푼, 고춧가루 3스푼, 고추장 4스푼, 물엿 3스푼, 설탕 3스푼

How to

01 꽈리고추는 약간의 소금과 식용유를 탄 물에 데친다.

02 마른 냄비에 멸치를 살짝(고소한 냄새가 날 때까지) 볶아둔다.

03 냄비에 분량의 맛간장, 고춧가루, 고추장, 물엿, 설탕을 넣어 바글바글 끓어오를 때까지
   끓인다.

04 03에 02의 볶아둔 멸치와 땅콩을 넣어 버무린 다음, 꽈리고추를 넣어 볶는다.

05 불을 끈 다음 참기름을 넣어 윤기를 더한다.

Tip 땅콩 대신 잣이나 호두를 써도 좋다.

계란탕

A 달걀 1개, 죽순 1개, 표고버섯 5개, 대파 1대, 청경채 1~2대
B 치킨브로스 1캔(물 1캔, 대파 1대, 마늘 4쪽, 생강 1쪽, 청양고추 2개), 참기름 약간, 물녹말 기호대로

How to

01 치킨브로스에 B 괄호 안의 재료를 모두 넣어 끓인 다음 체에 걸러 준다.

02 01에 죽순과 표고버섯, 대파, 청경채 등의 야채를 채 썰어 넣은 다음 끓인다.

03 02에 계란을 풀어 계란이 떠오르면 휘젓는다.

04 참기름으로 마무리한다.

Tip 물녹말을 사용해 걸쭉한 계란탕을 만들 경우에는 물녹말로 국물의 농도를 맞춘 다음
   계란을 넣는다.

쇠고기와 각종 나물, 버섯을 넣어 얼큰하게 끓인 육개장.
쌀쌀할 때 따끈한 국물 요리로 제격.

육개장

A 양지머리 100g, 물 7+1/2컵
B 콩나물(숙주나물) 100g, 느타리버섯 1줌, 고사리나물 1/2줌, 시래기 1/4단, 토란대 1/2줌, 대파 1~2대

양념 고춧가루 4+1/2스푼, 간장(액젓) 2+1/2스푼, 소금 1스푼, 다진 마늘 1+1/2스푼, 참기름 1스푼,
　　 깨소금 1스푼, 후추 1/8스푼

How to

O1 고기(양지머리)를 찬물에 담가 핏물을 뺀다.

O2 냄비에 분량의 물을 붓고 고기를 삶는다.

O3 콩나물은 머리를 제거하고, 느타리버섯은 데친 다음 잘게 찢는다.

O4 고사리와 토란대(삶아서 판매됨), 시래기는 데친 다음 물기를 짠다.

O5 삶은 고기를 잘게 찢고, 토란대와 대파도 크게 썬다.

O6 손질한 재료들에 양념 재료를 모두 넣어 잘 버무린다.

O7 02의 육수에 06을 넣고 2시간 이상 끓인다.
　　 (처음엔 센불로 끓이다가 끓기 시작하면 중불로 조절한다.)

홍합 마늘종 조림

A 홍합 20개(마른 홍합은 깨끗이 씻어 4~5시간 불린 다음 사용.), 마늘종 1줌
B 맛간장(p.153 참조) 4스푼, 진간장 2스푼, 청주 2스푼, 설탕 1스푼,
물엿 1스푼, 생강즙 1/2스푼, 후추 1/8스푼, 참기름 약간

How to

O1 B의 참기름을 제외한 모든 재료를 팬에 넣고 끓인다.

O2 01에 홍합을 넣고 중불에서 10분간 졸인다.

O3 02에 마늘종을 넣고 간이 배면 불을 끈다.
참기름으로 마무리한다.

Tip 마른 홍합이 없을 경우 자숙(한쪽 껍질만 붙은 상태)
그린홍합을 사용해도 좋다.

호두 조림

A 호두 1+1/2컵, 다진 쇠고기 2/3컵(쇠고기 양념 : 맛간장(p.153 참조)
1+1/2스푼, 다진 파 · 다진 마늘 · 깨소금 · 참기름 각 1스푼, 후추 1/4스푼)
B 식용유 2스푼, 맛간장 5스푼, 미림 4스푼, 통깨 1스푼, 참기름 1스푼

How to

O1 호두알맹이를 하루 정도 물에 담가 불린 다음 이쑤시개를 이용해
껍질을 벗긴다.(페이퍼타월을 깔고 벗기면 물기도 함께 빠진다.)

O2 다진 쇠고기를 A의 쇠고기 양념에 넣고 주물러 양념한다.

O3 양념한 쇠고기를 호두알맹이의 패인 부분에 넣고 눌러 박는다.
(잘 안될 경우 호두의 패인 부분 쪽에 밀가루를 살짝 바른 후
고기를 박는다.)

O4 팬에 분량의 식용유를 두르고 03을 넣어 익힌다.

O5 고기가 익으면 맛간장과 미림을 넣고 약한 불에서 조린 다음
통깨와 참기름으로 마무리한다.

Tip 호두는 껍질 채 사용해도 된다.

도라지 무침

도라지 2줌, 오이 1개, 왕소금 1+1/2스푼, 쌀뜨물(밀가루 3스푼)

무침 양념 고춧가루 7+1/2스푼, 설탕 6스푼, 식초 6스푼, 다진 파 · 참기름 · 고운 소금 · 깨 각 1+1/2스푼, 다진 마늘 1스푼

How to

O1 오이는 이등분하여 씨를 빼고 왕소금 1+1/2스푼을 넣은 소금물에 잠시 담가 둔다.

O2 도라지는 적당한 크기로 잘라 쌀뜨물이나 밀가루를 푼 물에 넣고 주무른 다음 물에 헹궈 건져 물기를 빼 둔다.

O3 오이를 소금물에서 뺀 다음 물기를 제거하고, 얇게 어슷썰기 한다.

O4 도라지와 오이에 분량의 무침 양념을 넣은 다음 골고루 무친다.

Tip 도라지를 쌀뜨물에 하루 정도 담가 두었다가 사용하면 아린 맛이 없어지고 아삭함을 유지할 수 있다. 소금으로 닦으면 아삭함이 사라지지만 나물로 할 경우에는 소금을 사용한다.

부추 무침

A 부추 1줌, 양파 1/2개
B 국간장 3스푼, 액젓 · 설탕 · 식초 · 고춧가루 각 1+1/2스푼, 미림 3스푼, 다진 마늘 · 깨소금 · 혼다시 각 1/2스푼, 참기름 2스푼

How to

O1 부추는 다듬어 5cm 길이로 썬다.

O2 양파는 껍질을 벗기고 세로로 썬다.

O3 국간장, 액젓, 설탕, 식초, 미림, 혼다시를 섞어 양념장을 만들어 놓는다.

O4 부추와 양파에 03의 양념장을 먼저 넣고, 나머지 재료인 고춧가루, 다진 마늘, 깨소금, 참기름을 넣어 골고루 무친다.

Tip 혼다시를 넣으면 액젓 특유의 비릿한 냄새가 줄어든다.

전원에 사는 즐거움

아담한 산이 병풍처럼 둘러싼 공기 맑은 곳에 우리의 보금자리가 있다. 둘 다 사람 북적거리는 것을 싫어하는데다, 획일적인 구조의 아파트는 정이 가지 않았다. 흙과 나무가 마냥 좋아 신혼살림은 무조건 전원에서 시작하기로 결정했다.

파주, 일산, 용인, 수지, 과천, 양수리……. 결혼 전 우성 씨는 경기도에 안 다녀본 땅이 없을 정도로 열심히 발품을 팔아 지금의 동네를 찾아냈다. 바쁜 와중에 틈틈이 보러 다니느라 결정하는 데만 일 년이 넘게 걸렸다. 서울과 가깝고 무엇보다 소박하고 정겨운 마을 분위기가 마음에 들었다.

부지런해야 가능하다는 전원생활. 게다가 얼마 전 신혼집으로 시작한 아담한 목조주택에서 지금의 집으로 이사오면서 우리는 좀더 바빠졌다. 이전보다 집의 규모도 커졌고, 아직도 집안 곳곳을 완성해가는 중이라 신경 쓸 일이 많다. 하지만 계절이 바뀌는 모습을 고스란히 전해주는 너른 창문, 이전 집에는 없던 앞마당의 텃밭과 야생화 꽃밭을 보면 나도 모르게 표정이 밝아진다. 요리를 워낙 좋아해서 집에서 꼭 텃밭을 가꾸고 싶었는데 그 소원을 이뤘기 때문이다. 마당 한편 자투리땅에는 고구마와 딸기도 심었다.

봄소식이 들려와서 얼마 전에는 읍내 시장에 나가 상추, 오이, 가지, 토마토, 고추 등의 모종도 사왔다. 영화를 마치고 휴식에 들어간 남편과 함께 앞마당 텃밭을 가득 채울 예정이다. 이렇게 가꾼 채소들은 그날그날 뽑아다 상에 올린다. 야채로 녹즙을 갈아 아침마다 마시고, 신선한 샐러드를 만들고, 국 끓이고 반찬하면 보약이 따로 없다.

Part 6 두고두고 감칠 맛 나게 먹자!

김치 & 저장 식품

후닥닥 만드는 한 그릇 요리는 자신 있는데, 김치나 저장 식품을 만드는 것은 두려워하는 분들이 많아요.
그러나 조금만 주의를 기울이면 김치나 장아찌, 피클 등을 만드는 것은 굉장히 쉽답니다.
튼실한 재료를 고른다면 맛도 보장되고요.

배추의 아삭한 질감을 그대로 살려 요리하는 겉절이.

겉절이

A 봄동 혹은 얼갈이배추 1단, 왕소금 1/2컵, 쪽파 1/2줌

B 황태머리 끓인 물 1컵, 액젓 1/2컵, 고춧가루 1+1/2컵, 다진 마늘 4+1/2스푼, 설탕 2/3스푼, 혼다시 2/3스푼, 통깨 · 참기름 조금씩

How to

O1 봄동이나 얼갈이배추는 다듬어 씻어 물기를 빼고 왕소금을 뿌려 살짝 절인다.

O2 01을 체에 밭인 다음 물기를 빼준다. 쪽파는 적당한 길이로 잘라둔다.

O3 B의 통깨, 참기름을 제외한 모든 재료를 섞어 둔 다음 고춧가루를 불린다.

O4 03에 02를 넣고 잘 버무린 후 참기름과 통깨로 마무리 한다.

Tip 황태머리 끓인 물 대신 멸치육수(p.152 참조)를 옅게 희석시켜 넣어도 좋다.

열무김치

A 열무 1단, 물 10컵, 왕소금 1컵
B 물 3컵+1컵, 밀가루 4+1/2스푼, 양파 1/2개, 실파 10대, 청양고추 2개, 홍고추 1개

김치 양념 고춧가루 9스푼, 액젓 9스푼, 다진 마늘 3스푼, 생강술 1스푼, 혼다시 1+1/2스푼, 왕소금 1스푼
물김치 물 5컵, 보리쌀 1/3컵, 새우젓 1스푼, 왕소금 1스푼

How to

01 열무를 손질한 다음 소금물(물 10컵+왕소금 1컵)에 절인다. 30분에 한 번씩 뒤집으며 2시간 정도 다시 절인다.

02 물 1컵에 밀가루 4+1/2스푼을 넣어 잘 풀어준다.

03 물 3컵을 끓이다가 02를 넣고 저으면서 다시 끓여 풀을 쑤어 식혀둔다.

04 03에 김치 양념을 모두 넣고, 양파, 실파, 고추 등을 넣어 잘 섞는다.

05 절인 열무를 씻어서 물을 뺀 다음 04를 넣고 버무린다.

06 자작하게 국물이 있는 열무김치를 원하면, 물 5컵에 씻은 보리쌀을 넣고 약한 불에 뽀얗게 끓인 다음
새우젓과 왕소금으로 간을 맞춘 국물을 05에 무으면 열무물김치가 된다.

Tip 싱거울 때는 마지막에 왕소금으로 간한다. 액젓으로 간을 맞추면 비릴 수 있다.

아삭아삭 씹는 맛이 일품인 시원한 여름 김치.

겨울엔 저장식품으로 여름엔 국수와 어울리는 별미로,
사계절 내내 먹는 총각김치.

총각김치

A 총각무 1단, 왕소금 1컵
B 실파 10대, 물 2컵, 찹쌀가루 4+1/2스푼

김치 양념 고춧가루 1/2컵, 액젓 1/4컵, 다진 마늘 3스푼, 생강술 1스푼, 왕소금 1/2스푼, 혼다시 1/2스푼

How to

01 총각무는 다듬은 다음 왕소금에 머리 부분을 굴리고 남은 소금은 위에 고루 뿌려,
여름엔 1시간 30분, 겨울엔 2시간 정도 절인다.

02 물 2컵에 찹쌀가루 4+1/2스푼을 타서 풀을 쑨다.

03 실파는 다듬어 적당한 크기로 잘라둔다.

04 총각무는 물에 헹구어 물기를 뺀다.

05 02에 김치 양념을 넣고 잘 섞는다.

06 05에 총각무와 실파를 넣어 버무린다.

Tip 장기간 보관할 시에는 굳이 찹쌀 풀을 쓰지 않아도 좋다.

마늘장아찌

A 마늘 40쪽, 물 2컵, 왕소금 1/4컵
B 물 1컵, 식초 1컵, 진간장 4스푼, 맛간장(p.153 참조) 5스푼, 왕소금 2스푼

How to

01 물 2컵에 왕소금 1/4컵을 탄 소금물에 마늘을 담가 일주일간 둔다.

02 B의 재료를 냄비에 넣은 다음 팔팔 끓여 완전히 식힌다.

03 마늘의 소금물을 따라내고, 02를 부어 이틀 동안 둔다.

04 이틀 후 03의 국물만 따라 끓여 다시 마늘에 붓고 이틀 후 한 번 더 반복한다.

깻잎장아찌

깻잎 30단

양념장 진간장 1컵, 맛간장(p.153 참조) 1/2컵, 액젓 6스푼, 혼다시 1스푼

How to

01 깻잎은 잘 씻어 물기를 제거한다.

02 분량의 양념장 재료를 잘 섞어 양념장을 만든다.

03 01에 양념장을 붓는다. 깻잎을 눌러가며 완전히 잠기게 담고 이틀 간 둔다.

04 이틀이 지나면 양념장을 따라낸 다음 한 번 끓이고 식혀 다시 붓는다.

05 실온에 3일 정도 두었다가 먹으면 된다.

Tip 양념장에 파, 마늘, 깨소금 등의 양념을 해서 깻잎에 켜켜이 발라도 좋다.

유독 오랜 시간의 정성이 필요한 요리. 그만큼 보답을 하는 맛.

깻잎 특유의 향이 삭히는 과정에서 오묘한 맛으로 변하는 정성 담긴 요리.

중국식 오이지 마라황과. 중식은 물론 모든 고기 요리와 잘 어울리는 밑반찬이다.

마라황과

A 오이 5개, 왕소금 1/2컵
B 식초 1컵, 설탕 1컵, 두반장 3스푼, 홍고추 3개, 마늘 5쪽

How to

01 오이는 길게 4토막을 내어 열십자로 잘라 소금에 10분간 절인다.

02 B를 모두 섞어 저어가며 설탕을 완전히 녹인다.

03 01의 오이를 씻어 물기를 뺀 후 02에 담아 냉장보관한 다음 이틀 후부터 먹는다.

Tip 식초는 향이 강한 것을 피해서 사용한다.

양파 피클

A 양파 2개, 청 · 홍고추 각 2개, 마늘 5쪽
B 로즈마리 · 세이지 · 타임 · 월계수 잎 등의 허브 약간, 피클링 스파이스 1+1/2스푼

절임장 진간장 · 화이트와인 · 설탕 각 1/2컵, 발사믹 식초 1/2컵, 현미식초 4+1/2스푼

How to

01 양파는 가로로 3번 정도 나누어 비슷한 크기로 썬다.

02 고추는 작게 송송 썰고, 마늘은 슬라이스 한다.

03 허브 잎과 피클링 스파이스를 조그만 망에 담는다.

04 절임장 재료를 골고루 섞어 절임장을 완성한다.

05 양파와 고추, 마늘, 03을 한데 담아 절임장을 부어 하루 동안 냉장보관한다.

Tip 꼭 냉장보관 할 것! 냉장보관해야 양파에 간이 골고루 밴다.

오이지

A 오이 10개, 왕소금

B 물 10컵, 왕소금 1컵

C 물 1컵, 왕소금 1/2컵

How to

O1 오이를 소금으로 문질러가며 닦은 다음 행주로 물기를 제거하여 용기에 담는다.

O2 B의 소금물을 팔팔 끓여 바로 01에 붓는다.

O3 하루가 지나면 02의 물을 따라 다시 끓여 식힌 다음 오이에 붓는다.

O4 다시 하루가 지나면 물을 따라내고 C의 소금물을 보충해서 팔팔 끓여 식힌다.
     이것을 다시 오이에 부어준다.

O5 3주가 지난 다음 먹는다.

Tip 오이지 무침 만들기

오이지 1개는 둥글게 송송 썰어 물기를 짜고, 다진 마늘 1/2스푼, 다진 파1/2스푼,
고춧가루 1/2스푼, 깨소금, 참기름을 넣어 조물조물 무친다.

누군가를 위해 요리하는 시간

나도 예전엔 몰랐었지만, 사랑하는 사람을 위해 요리하는 기쁨은
그 무엇과도 바꿀 수 없을 정도로 크다.
내 요리 솜씨가 이렇게 일취월장한 데엔 까다롭지 않은 그의 식성 때문이기도 하지만,
이왕이면 유기농 재료로 건강도 챙기고, 식단도 계획적으로 조절하며 맛과 영양을 함께 고려한 것에 있다.
또한 비싼 음식만 고집하기보다 제철 식품을 이용해 싸고 맛나게 요리하는 것이 나의 가장 큰 비법이다.

결혼 전 그는 나에게 약속을 하나 했었다. 한 달에 하루 정도는 아무것도 하지 않고 놀자는 것.
정말 그런 날은 아무것도 하지 않고 뒹굴거리는데 그렇게 쉬고 나면 몸도 마음도 가뿐해지는 것 같다.
이렇게 한갓진 여유를 누릴 수 있다는 것에 항상 감사한다.

쉼의 시간이 끝나면 그는 다음 작품을 준비하기 위해, 나는 또 다른 도전에 바빠질 것 같다.
내가 자신 있어하는 요리를 좀더 연마하기 위해 쿠킹 클래스를 신청할 계획이기 때문.
프랑스나 이태리의 단기 쿠킹 클래스를 통해 집에서 쉽게 만들 수 있는 다양한 가정식을 좀더 배워보고 싶다.

햇볕 냄새가 나는 식탁보를 펼치며
우리의 러브 쿠킹은 시작된다.

Part 7
아내 사랑으로 속이 든든!

스페셜 도시락 (롤 & 스시)

김밥, 롤, 초밥 등 정성 듬뿍 사랑의 도시락을 만들어 보아요.
사랑하는 누군가를 위해 만들 때 더욱 즐거운 도시락 만들기!
가족, 친구, 연인과 함께 나들이 갈 때 준비해도 좋겠지요?

생선초밥

초밥용 회 활어회(도미, 광어, 숭어), 초문어, 초새우, 장어, 새조개, 북방조개, 개다리살, 훈제연어, 날치알, 연어알, 캐비어, 무순, 김 등
밥 쌀 3컵, 다시마물 3컵, 정종 1스푼
배합초 식초 5스푼, 설탕 3스푼, 소금 1스푼
와사비간장 간장 3큰술, 미림 1큰술, 와사비 취향대로
손 담금 물 찬물 1컵, 식초 약간, 레몬 한 조각

How to

O1 쌀 3컵을 씻어 채반에 30분간 밭인 다음 다시마물과 정종을 넣고 밥을 짓는다.

O2 밥이 조금 식으면 배합초로 양념을 한 후 체온 정도로 식힌다.

O3 손에 레몬 띄운 물을 묻혀가며 밥을 한 입 크기로 만들고, 회에 와사비를 묻혀 밥 위에 올린다.

O4 김을 가로가 긴 모양으로 잘라 날치알과 무순을 올린 초밥에 감아 내도 좋다.

O5 생선초밥을 와사비간장, 단무지, 초마늘, 초생강 등과 함께 도시락 용기에 담는다.

Tip 곁들이 용 미소된장국 만들기

A 멸치육수(p.152 참조) 4컵, 미소된장 5~6스푼
B 팽이버섯 약간, 실파 1대, 불린 미역 적당량

How to

O1 팽이버섯, 실파는 손질해서 송송 썰고, 미역은 살짝 데친다.

O2 분량의 멸치육수를 끓이다가 끓기 시작하면 미소된장을 넣어 3분 이내로 더 끓인다.
(미소된장은 3분 이상 끓이면 텁텁한 맛이 난다.)

O3 개인용 그릇에 국물을 담고 팽이버섯과 송송 썬 실파, 미역을 담아낸다.

싱싱한 생선을 초밥 위에 얹어 맛과 모양을 한 번에 잡은 특별한 요리.

캘리포니아 롤

밥 쌀 3컵, 다시마물 3+1/3컵, 미림 2스푼

배합초 식초 3스푼, 설탕 2스푼, 소금 1스푼

속 닭가슴살 데리야끼 닭가슴살 300g에 미림 1/2컵, 맛간장(p.153 참조) 1/2컵을 넣고 졸여서 손으로 찢어둔다.

  버섯조림 표고버섯 12개, 다시마물 1+1/2컵, 맛간장 3스푼, 미림 2스푼

      표고버섯은 기둥을 떼어 분량의 다시마물, 맛간장, 미림에 조린 다음 길게 채 썬다.

  당근볶음 당근 1/2개를 기름에 살짝 볶는다.

  단무지 김밥용 단무지 이용.

  우엉조림 우엉 1/2대, 식초 2스푼, 소금 약간, 맛간장 3스푼, 정종 1스푼, 미림 2스푼, 간장 1스푼

      우엉을 길게 잘라 잠길 정도로 물을 붓고 식초와 소금을 넣어 끓인다.

      우엉을 채반에 두고 물기를 뺀 다음 분량의 맛간장, 정종, 미림, 간장을 넣고 조려 식으면 잘게 다진다.

  오이 오이는 길게 반으로 잘라 씨 부분을 파낸 후 살짝 절여 물기를 제거한 후 사용한다.

  맛살 팬에 살짝 볶는다.

  그 외 아보카도 1/2개, 날치알, 깨, 김

How to

01 쌀 3컵을 씻어 체에 받인 다음 1시간 둔다.

02 01을 분량의 다시마물과 미림을 넣어 밥을 짓는다.

03 밥이 뜨거울 때 분량의 배합초로 양념을 해 식힌다.

04 랩 위에 김을 놓고 밥을 김 전체에 얇게 간다.

05 04를 밥 부분이 밑으로 가게 뒤집은 뒤 위의 속 재료를 얹어 랩으로 돌돌 만다.

06 아보카도 슬라이스나 날치알로 롤 위를 장식한다.

김밥과 달리 집에서 만들기 어렵다는 편견을 가지기 쉬운 롤.
좋아하는 재료들로 앙증맞게 만들어보자.

시판되는 조미된 유부와
속 재료를 사용하면 간편하지만
직접 하나하나 만들어보면
훨씬 깊은 맛을 느낄 수 있다.

유부초밥

A 유부 20개들이 2봉지, 다시마물 2컵, 맛간장(p.153 참조) 5스푼, 미림 3스푼, 흑임자 약간

B 쌀 3컵, 다시마물 3+1/3컵, 미림 3스푼

배합초 식초 4+1/2스푼, 설탕 3스푼, 소금 1+1/2스푼

속 **연근초** 연근 5~6mm 13쪽, 다시마물 1컵, 식초 1/3컵, 설탕 1+1/2스푼, 소금 1/2스푼

연근을 식초에 담아 두었다가 꺼낸 다음 다시마물, 설탕, 소금을 넣고 끓인다. 그대로 식혀 잘게 다진다.

표고버섯조림 표고버섯 12개, 다시마물 1+1/2컵, 맛간장 3스푼, 미림 2스푼

표고버섯은 기둥을 떼어 분량의 다시마물, 맛간장, 미림에 조린 다음 잘게 다진다.

우엉조림 우엉 1/2대, 식초 2스푼, 소금 약간, 맛간장 3스푼, 정종 1스푼, 미림 2스푼, 간장 1스푼

우엉이 잠길 정도로 물을 붓고 식초와 소금을 넣어 끓인다. 우엉을 채반에 두고 물기를 뺀 다음 분량의 맛간장, 정종, 미림, 간장을 넣고 조려 식으면 잘게 다진다.

오이볶음 오이 1개, 물 1컵, 왕소금 1스푼, 참기름 1스푼

오이는 잘게 다져 소금물에 절인 다음 물기를 꼭 짜서 참기름으로 조물조물 무친다.

당근무침 당근 1/2개, 물 1컵, 왕소금 1스푼, 참기름 1스푼

당근은 잘게 다져 소금물에 절인 다음 물기를 꼭 짜서 전자레인지에 30초간 익힌다. 참기름으로 조물조물 무친다.

달걀볶음 달걀 2개

팬에 달걀을 깨뜨려 넣고 스크램블을 만든다.

유자껍질 유자 1개

유자 껍질을 소금물에 담가 씻은 다음 다진다.

How to

O1 네모난 유부를 대각선으로 반 잘라 삼각형으로 만든 다음 뜨거운 물에 삶아 건져 물기를 제거한다.

O2 유부를 A의 다시마물과 맛간장, 미림에 졸인다. (약불에서 30분 정도.)

O3 쌀 3컵을 씻어 체에 밭여 1시간 둔다.

O4 03을 분량의 다시마물과 미림을 넣어 밥을 짓는다.

O5 밥이 뜨거울 때 분량의 배합초로 양념을 한다.

O6 양념한 밥에 준비한 각종 속 재료들을 섞은 다음 유부 속에 눌러 담아 흑임자로 장식한다.

베이컨 치즈 김밥

A 쌀 3컵, 다시마물 3+1/3컵, 미림 3스푼
B 깻잎 2장, 상추 2장, 베이컨 2장, 슬라이스 치즈 1장

How to

OI 쌀 3컵을 씻어 체에 밭여 1시간 둔 후 분량의 다시마물과 미림을 부어 밥을 짓는다.

O2 깻잎과 상추는 살 씻어 손질한 나음 물기를 세거한나.

O3 키친타월을 깐 접시에 베이컨을 올려놓고 다시 키친타월로 덮은 다음 전자레인지에 넣고 익힌다.

O4 김발 위에 김을 얹고 밥을 골고루 깐다.

O5 밥 위에 깻잎과 상추를 넓게 얹고, 베이컨을 넉넉히 얹은 다음 슬라이스 치즈를 잘라 나란히 얹는다.

O6 김발을 돌돌 말아 베이컨 치즈 김밥을 완성한다.

O7 한 입 크기로 김밥을 잘라 도시락 용기에 먹기 좋게 넣는다.

Tip 베이컨과 치즈는 저염도 냉장 보관된 것을 고른다.

짭짤한 베이컨과 치즈를 넣어, 밥에 배합초 양념이 필요 없는 간단 김밥.

건강을 생각하는 자연식 요리의 기본 원칙

텃밭에서 얻은 건강 반찬

손수 가꾸는 앞마당 텃밭에는 청경채, 부추, 배추, 치커리, 방울토마토 등의 모종을 사다 심어 놓았다. 텃밭이라 봤자 손바닥만한 작은 크기이지만 집 주변으로도 사방이 녹지라 쑥이며 냉이 등 지천에 먹을거리가 널려 있어 날이 따뜻해지는 봄과 여름에는 따로 반찬 걱정할 필요가 없을 정도다. 좋은 흙에서 농약을 치지 않고 자란 자연 그대로의 식물들은 최고의 건강 반찬. 각종 야채들은 먹을 만큼 자라면 캐다 바로 상에 낸다. 샐러드나 무침 등에 이용해 특유의 맛과 향을 살려 신선하게 먹거나 국에도 넣고, 삶아서도 먹는 등 다양하게 즐긴다.

지치지 않는 뒷심 체력의 원천! 현미밥

아무리 피곤해도 식탁에 흰 쌀밥을 올리는 법이 없다. 발아현미를 늘 구비해 두었다가 함께 넣어 밥을 짓는다. 현미는 쌀눈과 효소가 살아 있어 영양분 흡수가 잘 되고, 식이섬유가 백미에 비해 3~4배가 많아 변비와 비만, 당뇨 등에 효과가 좋은 건강 식품. 또 장과 위를 튼튼하게 해 속이 편안하게 하고, 혈액순환을 원활하게 도와 안색이 맑아지는 효과도 준다. 아무리 몸에 좋다지만 처음부터 삼시 세끼 까끌까끌한 현미밥을 먹기는 힘들다. 현미와 백미를 1:3정도 넣다가 익숙해질 무렵 현미:참쌀:백미를 1:3:2의 비율로 넣어 밥을 지어 먹었는데, 밥맛도 좋아지고 물론 건강에도 효과적이었다.

고기 건강하게 잘 먹기

평소 손수 키운 채소, 화학조미료를 넣지 않는 식단, 친환경 · 저농약 제품을 고집하는 탓에 '고기는 전혀 안 먹나요?' 라는 질문을 많이 받는다. 대답은 NO~! 두 사람 모두 체력이 다하면 고기부터 생각나는 체질이라 필요한 만큼 먹어 영양을 섭취한다. 동물성 단백질인 고기는 건강하게 먹는 방법이 따로 있다. 몸에 필요한 단백질을 보충하기 위해 기름기가 많은 부위 대신 담백한 살코기 위주로 먹고, 고기와 함께 반드시 채소를 곁들인다. 쌈으로 준비할 때는 야채 위주로 풍성하게 먹고, 쪄서 기름기를 빼고 먹을 때는 양배추나 셀러리 등을 곁들여 먹으면 좋다. 야채와 함께 고기를 먹으면 소화도 잘 되고 포만감도 들어 과식하는 것을 막아준다.

보약보다 효과 좋은 한방차

차곡차곡 정리되어 있는 냉장고 한 쪽에는 남편 감우성을 위해 꼼꼼하게 메모를 붙여 둔 약재통이 숨어 있다. 배우에게 좋은 음성은 잘 갖춰 입은 옷이나 마찬가지. 기관지에 좋은 건도라지, 헛개나무열매, 감초, 백문동 등의 다양한 약재들을 냉장실에 보관해 두었다가 모두 넣어 끓여 한방차를 만든다. 여름에는 차게 해서 보리차 대신 마시고, 겨울에는 따뜻하게 해서 차로 마시면 보약이 따로 없다.

요리 시간 절약하는 냉동식품 만들기

잘 정리해 놓은 냉장고 안에는 각종 요리 재료와 반찬들이 일목요연하게 수납되어 있다. 야채, 해산물 등의 재료들은 손질해 두거나 반조리 상태로 정리해두면 필요할 때마다 꺼내서 요리할 수 있어 편리하다. 포스트잇에 종류와 넣어둔 날짜 등을 붙여 찾아 쓰기 쉽게 했다.

옥수수 옥수수는 소화가 잘 되고, 변비 해소 효과가 있는 것은 물론 칼로리가 적어 다이어트에도 좋은 건강식품. 한 여름이 제철인 옥수수는 여름에 밭에서 따다가 냉동실에 넣어두면 사계절 내내 다양하게 즐길 수 있다. 입이 심심할 때 꺼내 쪄서 간식으로 먹거나 삶아서 옥수수 알만 떼어내 콘 샐러드를 만들어도 맛있다. 옥수수수염은 버리지 말고 따로 모아두었다가 끓여 보리차 대신 마시기도 한다.

냉동 해산물 새우와 홍합, 바지락, 모시조개 등 다양한 해산물은 제철에 구입해 냉동실로 직행시킨다. 재료에 따라 손질만 하거나 반조리 상태로 냉동실에 넣어두면 필요할 때마다 꺼내 사용할 수 있어 조리 시간을 반으로 줄여준다.

연꽃씨 연꽃씨는 심신을 안정시키고 불면증과 고혈압, 자궁 건강에도 효과가 좋은 한약재. 달면서 떫은맛을 내는데 얼려 두었다가 콩국수할 때 갈아서 국물을 내거나 물에 넣고 다려서 차로 마시는 등 음식에 색다르게 활용한다.

천연 비상약, 매실 엑기스와 모과 절임

두 사람 모두 타고난 건강 체질인데다 자연 그대로의 음식과 생활을 실천하기 때문에 웬만한 감기 증세에도 섣불리 약을 먹는 법이 없다. 소박한 밥상이지만 매끼가 건강식이고, 간식마저 몸에 해로운

를 빼는 작용이 뛰어난 식품. 검은깨는 소화 효소가 많고 지방질이 풍부해 위장을 편안하게 해주고, 피부를 매끈하게 하며 탈모 예방에도 효과가 있다. 나물 등에 뿌려 먹거나, 쌀과 함께 갈아서 흑임자 죽으로 끓여 먹는다.

밥도둑, 마늘·고추·양파 장아찌

노화 방지는 물론 항암 효과가 있는 마늘, 식욕을 증진시키는 고추, 불필요한 지방과 콜레스테롤을 없애는 양파 등 대표 건강식품으로 꼽히는 재료들은 장아찌로 만들어 냉장고에 보관해 두고 수시로 상에 올린다. 건강식으로는 물론이고 입맛 없을 때에도 장아찌만 있으면 밥 한 그릇을 뚝딱

비운다. 특히 마늘장아찌는 작은 종지에 두 세알씩 담아 아침상에 올리는 보약 같은 반찬.

재료와 조리법이 가미된 것이 거의 없기 때문에 아플 일도 많지 않지만 몸이 으슬으슬하다거나 속이 더부룩하다는 등 이상 증세가 보이면 바로 자연식 비상약을 처방한다. 6월, 잘 익은 매실을 구해다 만든 매실엑기스는 피로 회복은 물론 소화불량, 변비 등에 효과적. 특히 술 마신 다음날 물에 희석시켜 먹으면 숙취 해소 음료로 그만이다. 또 설탕에 달달하게 재어 놓은 모과절임은 목이 아프거나 기침이 날 때 특효약.

간수 뺀 소금

모든 음식에 간은 거의 하지 않는 편이지만 기본적인 맛을 내기 위해 사용하는 몇 가지 양념 재료 중 하나가 소금이다. 읍내 시장에서 산 굵은 소금을 1년 이상 볕 좋은 곳에 묵혀두었다가 음식에 넣는다. 오래된 소금으로 김치를 하면 간수가 다 빠져 김치 맛이 개운해지고, 국이나 나물 등 반찬에 넣으면 음식 맛이 깔끔해진다.

블랙 푸드의 파워, 검은콩과 검은깨

친정집에서 공수해오는 검은콩과 검은깨는 노화 방지와 항암 예방에 효과가 있다 해서 서늘한 곳에 보관했다가 두유를 만들어 먹거나 조림 등 반찬에 사용해 먹는다. 또 더위를 많이 타고 땀이 나는 체질인 남편의 여름 건강을 지켜주는 음식이기도 하다. 검은콩은 다른 색이 있는 콩에 비해 식물성 단백질과 비타민이 풍부하고, 체내 독소

집 안 곳곳을 빛나게 하는 소품 모음

설거지 후 피로가 싹! 주방용 수건

시중에 판매되는 밋밋한 수건에 생기를 불어넣자! 마음에 드는 원단을 재단해 덧댄 다음, 레이스로 마무리하여 멋 내기! 만들기는 쉽지만 설거지를 마치고 손을 닦을 때면 더할 나위 없는 보람이 느껴진다.

일석이조, 극세사 수세미

아크릴 실로 짠 수세미. 코바늘뜨기로 원하는 모양만 만들면 끝! 세제가 적게 들고, 깨끗하게 닦이는 일석이조 주방 소품.

여행 다닐 때 그만! 파우치 및 손가방

즐거운 여행길엔 항상 동행하는 파우치와 작은 손가방. 잃어버리기 쉬운 물건들을 한 번에 정리할 수 있고, 화장품 등을 넣을 때 간편하게 이용한다.

밤샘촬영에 지칠 때면 절
로 찾게 되는 쿠션 및 담요

우성 씨가 밤샘촬영에 지쳐 차에
서 잠이 들 때 항상 같이 있어주는
고마운 담요. 쿠션은 크기를 다양
하게 만들어서 집안 곳곳 배치하
면 훨씬 감각적인 인테리어를 완
성할 수 있다.

네모 반듯 집안에 활기를, 곰인형

시중에 나와 있는 인형만들기 세트를 이용하거나, 인형 밑그림을 바탕으로 직접 천을 재단해 만드는 나만의 인형.
찡그린 얼굴도 환하게 만드는 매력 덩어리!

시판 소스 모음 정보 및 활용법

메이플시럽 흔히 단풍시럽으로 불리며, 캐나다산 사탕단풍나무의 수액을 채취한 뒤 농축해서 만든 시럽이다. 설탕 대용으로 쓰면 좋다.

홀 그레인 머스터드소스 겨자씨가 통째로 들어있는 매콤한 머스터드소스. 홀 그레인 외에 식초, 설탕, 소금, 허브 등이 가미되어 보다 풍부한 맛을 낸다.

두반장 중국식 된장. 톡 쏘는 매콤한 맛이 일품이다. 마파두부나 매콤한 사천식 요리에 자주 쓰이며 돼지고기 볶음 등을 할 때 된장, 고추장 대신 사용하면 색다른 맛을 낼 수 있다.

매실소스 매실청에 식초 등의 양념을 가미한 것으로 중화요리에 자주 쓰인다. 생선이나 육류 튀김에 잘 어울려 상큼한 맛을 낸다.

케이퍼 지중해연안의 식물. 꽃봉오리 부분만 향신료로 이용한다. 새콤한 맛이라 연어 등의 생선에 싸서 먹으면 잘 어울린다.

머스터드소스 가장 일반적인 겨자소스. 튜브형으로 나온 것을 선택하면 요리 마지막에 데코레이션 효과까지 겸할 수 있어 좋다. 느끼한 요리에 강한 맛을 넣고 싶을 때 사용한다.

치킨 브로스 닭고기 육수 통조림. 찌개나 스프 등을 끓일 때 간편하게 사용할 수 있다.

홀스래디시소스 서양 와사비의 일종. 주로 연어와 함께 먹는 소스이며, 톡 쏘는 맛이 인상적이다.

땅콩버터 크리머 일반 땅콩버터보다 부드럽게 액화된 소스. 빵에 발라먹거나 샌드위치 만들 때 방수처리용 스프레드로 사용해도 좋으며, 샐러드 드레싱으로 사용해도 훌륭하다.

두고두고 쓰는 기본 국물 및 소스

멸치 육수

생 강 술

맛 간 장

● 기본 국물

멸치육수

국물이 들어가는 모든 요리에 물 대신 사용하면 좋은 기본 국물.

국물용멸치(내장 제거한 것) 12~13마리, 물 6컵, 다시마(사방 10cm) 1장,
가쓰오부시 1줌, 정종 1+1/2스푼, 혼다시 1/2스푼

How to

01 냄비에 멸치를 볶다가 구수한 향이 나면 분량의 물과 다시마를
넣어 끓인다. 끓어오르기 직전에 다시마를 건져낸다.

02 01이 팔팔 끓으면 찬물 1컵을 더 부어 끓이고, 정종과 혼다시를
넣고 다시 끓기 시작하면 불을 끈다.

03 불을 끈 02에 바로 가쓰오부시를 넣고 가쓰오부시가 바닥에 모두
가라앉으면 국물을 걸러준다. 완전히 식으면 냉장보관하며 사용한다.

생강술

고기요리의 잡냄새를 잡아주는 생강술.

생강 1/2컵, 정종 1컵

How to

01 생강을 잘게 다진다.

02 밀폐용기에 다진 생강을 담고 정종을 부어 냉장보관한다.

03 정종에 생강이 우러나면 고기요리 할 때 조금씩 넣어 사용한다.

맛간장

맛간장 하나만 있으면 모든 조림요리가 완성!

야채 졸인 물 생강 2~3알, 마늘 8~10쪽, 통후추 1+1/2스푼, 표고버섯 1개, 양파 1개, 당근 1/2개, 물 2컵, 정종 1/2컵

A 간장 2리터, 야채 졸인 물 1컵, 설탕 1kg

B 미림 1+1/2컵, 정종 1컵

C 사과 1개, 레몬 1개

How to

01 정종을 제외한 야채 졸인 물 재료를 모두 냄비에 넣고 끓인다.

02 01이 끓으면 정종을 넣고 불을 약하게 해서 1컵이 될 때까지 졸인다.

03 A재료를 모두 넣고 10분간 끓인다.(국물이 넘치지 않게 조심한다.)

04 03에 B재료를 넣고 5분 정도 더 끓여 준다.

05 사과를 8등분 혹은 16등분하고, 레몬을 8등분한 다음 04가 완전히 식었을 때 넣어 24시간 숙성시킨다.

06 사과와 레몬을 건져내고 냉장보관한 다음 각종 요리에 활용한다.

냉 메 밀 소 스

돈 가 스 소 스

돈가스소스

텁텁한 돈가스소스는 가라! 달콤한 과일을 넣어 부드럽고 향긋한 돈가스소스.

A 다시마국물 4+1/2컵, 정종 1+1/2컵, 사과 3개, 토마토 3개, 양파 1+1/2개, 마늘 2통, 셀러리 2~3대, 파인애플통조림 5링+통조림국물 1컵

B 시판 돈가스소스 6컵, 우스터소스 1+1/2컵, 겨자 2/3스푼, 핫소스 1+1/2스푼

How to

01 A의 토마토, 양파, 마늘, 셀러리, 파인애플링, 사과를 각각 믹서에 간 다음 나머지 각각의 재료를 순서대로 냄비에 추가하며 넣어 센불에서 끓을 때까지 나무주걱으로 저어준다.

02 01이 끓으면 불을 끄고 12시간 숙성시킨다.

03 02를 굵은 체에 1차 걸러주고 고운 체로 2차 걸러준다.

04 03과 B를 냄비에 넣고 센불에서 저으면서 끓이고 중불, 약불로 단계적으로 적당한 농도가 될 때까지 졸여준다.(약 5시간) 냉장보관 한다.

냉메밀소스

여름철 시원한 메밀국수의 맛을 결정하는 냉메밀소스. 한 번 만들어두면 일식요리에 여러모로 쓸모가 많다.

A 국물용 멸치 18~20마리, 다시마(사방 10cm) 1장, 마른 표고버섯 6~7개, 물 3컵

B 간장 2컵, 미림 3컵, 정종 2컵, 가다랑어포(가쓰오부시) 6줌

C 설탕 4+1/2스푼, 혼다시 4+1/2스푼, 멸치조미료 1+1/2스푼

How to

01 냄비에서 멸치를 볶다가 A재료의 다시마, 표고버섯, 물을 넣고 끓기 직전에 불을 끈다. 뚜껑을 닫고 이것을 12시간 동안 숙성시킨다.

02 01에 B재료의 간장, 미림, 정종을 넣고 (뚜껑을 연 채)끓인 다음, 가다랑어포를 넣고 1분간 더 끓인다.

03 베보자기를 깔고 국물을 체에 거른다.(베보자기를 짜지 말 것. 떫은맛이 난다.)

04 체에 거른 국물에 C재료를 넣고 다시 끓이며, 끓기 시작하면 바로 불을 끈다. 이후 식혀서 냉장보관 한다.

05 진한 국물에 냉수를 1:2 비율로 넣어 냉모밀소스를 완성한다.

Tip 1 소스와 물을 1:2 비율로 섞으면 냉모밀소스가, 1:1로 섞어 레몬 1조각을 띄우면 튀김장이 된다.

강된장

쌈밥에 빼놓을 수 없는 맛 장. 나른한 봄날이라도 밥과 야채, 강된장만 있으면 입맛이 돌아온다.

된장 1컵, 고추장 1+1/2스푼, 참기름 1스푼, 멸치육수 2컵, 표고버섯 3개, 풋고추 3개, 양파 1/2개, 다진 마늘 1/3스푼, 우렁이 1/2컵, 호박 1/4개

How to

01 표고버섯, 풋고추, 양파, 호박 등의 채소는 주사위 모양으로 잘게 썬다.

02 뚝배기에 기름을 두르고 다진 마늘을 볶아 향을 낸 다음 01의 고추를 뺀 재료와 우렁이를 넣고 볶아준다.

03 02에 멸치육수와 된장, 고추장을 넣어 멍울 없이 잘 푼 다음 중불에 끓인다.

04 걸쭉한 농도가 되면 썰어 놓은 고추를 넣고 2분 정도 잠시 끓인다.

약고추장

나물요리 중 익혀서 무치는 종류의 소스로 사용하면 맛있다.

A 고추장 1컵, 꿀 3스푼, 물 1/4컵

B 다진 소고기 1줌+후추 1/4스푼(혹은 다진 돼지고기 1줌+생강즙 1/2스푼), 맛간장 · 미림 · 다진 마늘 · 참기름 각 1+1/2스푼

C 배즙 3스푼, 잣 3스푼

How to

01 다진 소고기(혹은 다진 돼지고기)를 B재료로 볶아준다. 특히 소고기를 볶을 때는 나무젓가락을 사용해서 볶는다.(소고기는 후추로, 돼지고기는 생강즙으로 미리 재둔다.)

02 A재료를 잘 섞은 다음 01과 합쳐 볶은 후, 배즙과 잣을 넣어 골고루 저어 준다.

Tip 반드시 꿀을 넣을 것. 꿀을 넣어야 약고추장이 딱딱해지는 것을 방지한다.

감우성 ♥ 강민아 러브 쿠킹

1판 1쇄	2007년 5월 21일
1판 2쇄	2007년 5월 25일

요리 · 글	강민아

기획 · 촬영 진행	김일아
사진	한정수(etc. studio)
사진 어시스트	윤용식
요리 및 인테리어 스타일링	김경미(K-ONE studio)
스타일링 어시스트	김지영 장수현 이지현

펴낸이	김정순
책임편집	심선영
펴낸곳	(주)북하우스
출판등록	1997년 9월 23일 제406-2003-055호

주소	413-756 경기도 파주시 교하읍 문발리 파주출판도시 513-8
전자메일	editor@bookhouse.co.kr
홈페이지	www.bookhouse.co.kr
블로그	blog.naver.com/bookhouse1
전화번호	031-955-2555
팩스	031-955-3555

ISBN 978-89-5605-188-8 13590

이 도서의 국립중앙도서관 출판도서목록(CIP)은 e-CIP 홈페이지(http://www.nl.go.kr/cip.php)에서
이용하실 수 있습니다. (CIP제어번호 : CIP2007001416)